Mitten auf dem Ozean, dort ist der Platz … rifft.

Die glanzvolle Ära der Luxusschiffe

Luxus par excellence. Als Kulisse der stilvollen Werbung für das Mercedes-Flaggschiff von 1929, den Fünf-Liter-Achtzylinder Nürburg, kam selbstverständlich nur ein Luxusliner in Frage. (Zeitgen. Plakat)

Konzeption und Text
ARNOLD KLUDAS

Bildauswahl
Arnold Kludas
Karl-Theo Beer

Die glanzvolle Ära der Luxusschiffe

Eine illustrierte Kulturgeschichte im Spiegel zeitgenössischer Quellen

Koehlers Verlagsgesellschaft
Hamburg

Impressum

ISBN 3-7822-0922-2
Redaktion: Arnold Kludas
Grafische Gestaltung: Claudia Wambach, www.studio-seitenweise.de
Übersetzungen aus dem Englischen: Arnold Kludas
Lithografie: Shahab Ghafouri, Studio SeitenWeise, Hamburg
Druck und Weiterverarbeitung: Druckerei zu Altenburg, Altenburg
Printed in Germany

Bibliografische Information Der Deutschen Bibliothek
Die Deutsche Bibliothek verzeichnet diese Publikation in der Deutschen Nationalbibliografie; detaillierte bibliografische Daten sind im Internet über http://dnb.ddb.de abrufbar.

Einband vorn:
Die 23 719 BRT große INDEPENDENCE der American Export Lines trat 1951 ihre Jungfernreise von New York ins Mittelmeer an.
(American President Line)

Bell Boys nannte man die adrett uniformierten Jungen für Botengänge an Bord der Luxusliner. *(Foto Hanns Tschira. Deutsches Schiffahrtsmuseum)*

Einband hinten:
Soiree in der Gesellschaftshalle der COLUMBUS. *(Gemälde von Felix Schwormstädt. Deutsches Schiffahrtsmuseum)*

Dampfer BELGENLAND.
(Zeitgen. Postkarte)

Inhalt

LLOYDREISEN
Vergnügungsfahrten zur See
NORDDEUTSCHER
LLOYD BREMEN

Vorwort

Der Dreizack Neptuns
ist das Zepter der Welt.

Rudolf Schleiden

Dieses Buch ist eine illustrierte Kulturgeschichte des Reisens auf eleganten Passagierschiffen im Wandel der Zeiten. Im Mittelpunkt stehen also berühmte Luxusdampfer und das Flair des Lebens an Bord in allen seinen zahllosen Facetten. Wir begegnen den Passagieren, die ihre Reise in vollen Zügen genießen, sei es in den eleganten Kabinen, den prachtvollen Salons oder auf den weiten Decks. Die seit 150 Jahren ungebrochene Faszination des Mikrokosmos' eines Passagierdampfers wird in Wort und Bild deutlich, ebenso wie der Reiz fremder Häfen und exotischer Ziele. Zeitgenössische Berichte nehmen die Leserinnen und Leser mit auf Große Fahrt in die Ferne. Zitate aus Prospekten und Reiseführern vergangener Zeiten vermitteln kurzweilige Einblicke in längst vergessene Zusammenhänge. Eindrucksvolle Bilddokumente aller Art machen das bunte Geschehen auch visuell lebendig – in der reizvollen Werbegrafik des 19. Jahrhunderts ebenso wie in historischen Drucken oder den Fotos unserer Tage.

In fünf Kapiteln und drei Exkursen präsentieren sich die großen Epochen der internationalen Passagierschiffahrt, wobei jeweils ein einleitender Text die Höhepunkte der Entwicklung beschreibt, die sich auf den anschließenden Bildseiten dann auch visuell erschließt. So spannt sich ein weiter, kaleidoskopischer Reigen von den ersten Passagierdampfern über die großen Luxusliner bis zu den schwimmenden Palästen der heutigen Kreuzfahrt.

Für die freundliche Unterstützung meiner Arbeit möchte ich herzlich danken:

Meine liebe Frau Ilse hat auch dieses Vorhaben verständnisvoll mit Rat und Tat – und großer Langmut! – begleitet.

Claudia Wambach kreierte ideenreich die lebendige Gestaltung des Bandes.

Wertvolle Unterstützung erhielt ich vom Deutschen Schiffahrtsmuseum in Bremerhaven, wo mir Klaus-Peter Kiedel die Nutzung des unerschöpflichen Bildarchivs ermöglichte. Besonders der erst vor einem Jahr vom Deutschen Schiffahrtsmuseum erworbene Nachlaß des berühmten Bordfotografen Hanns Tschira aus den 1930er Jahren erwies sich als eine wahre Fundgrube interessanter und bisher kaum veröffentlichter Fotos.

Ohne die großartigen Schöpfungen von Fotografen, Grafikern, Malern, Werbedesignern sowie die Geistesblitze von Vertretern der schreibenden Zunft aus drei Jahrhunderten wäre dieses Buch nicht denkbar, was ich hier dankbar anerkenne.

Grünendeich, im Juli 2005 — Arnold Kludas

Als größtes und luxuriösestes Passagierschiff auf der Sonnenroute von Southampton über Teneriffa, Kapstadt, Durban, Fremantle, Melbourne, Sydney und Auckland nach Wellington stellte die britische Reederei Shaw, Savill & Albion 1938 den 27 155 BRT großen Liner DOMINION MONARCH in Dienst. Auf dem Schiff gab es ausschließlich die Erste Klasse, nicht weniger als 385 Besatzungsmitglieder sorgten für das Wohl der 517 Fahrgäste. (Zeitgen. Plakat)

Anfang der 1880er Jahre leisteten sich alle Nordatlantikreedereien mindestens einen größeren Dampfer mit zwei Schornsteinen. Hier das 1883 gebaute Flaggschiff der belgischen Red Star Line, die 5 736 BRT große WESTERNLAND. (Zeitgen. Werbeplakat. Deutsches Schiffahrtsmuseum)

I. 1838 bis 1896

Wie alles begann

Die See ist die Hochstrasse des Erdballs. Die See ist der Paradeplatz der Nationen. Die See ist der Tummelplatz der Kraft und des Unternehmungsgeistes für alle Völker der Erde und die Wiege ihrer Freiheit. Die See ist die fette Gemeindetrift, auf welche alle wirtschaftlichen Nationen ihre Herden zur Mastung treiben. Wer an der See keinen Anteil hat, der ist ausgeschlossen von den guten Dingen und Ehren der Welt – der ist unsres lieben Herrgotts Stiefkind.

Friedrich List

Seit Adam und Eva ist die Neugier eine Triebfeder menschlichen Unternehmungsgeistes. Doch ebenso lange steht eine andere menschliche Eigenschaft diesem Ansporn bremsend im Weg: die Bequemlichkeit. Wissensdurst und Neugier weckten früh den Wunsch, die Welt jenseits des eigenen Horizonts kennenzulernen. Das setzte aber voraus, den heimischen Herd mit dem Unbekannten zu vertauschen, von der warmen Stube in eine möglicherweise unwirtliche Fremde aufzubrechen, und das ohne jede Garantie dafür, daß es in jener Fremde Lohnenswertes zu entdecken gäbe.

Private Seereisen zum Zwecke des Vergnügens, der Erholung oder Bildung durch neue Eindrücke in der Fremde, zu solchen Reiseabenteuern waren unsere Vorfahren bis weit ins 19. Jahrhundert höchstens zu Lande bereit, und selbst dazu bedurfte es ausgesprochenen Wagemuts. Auf Seereisen begaben sich allenfalls Kreuzritter, die aber natürlich anderes im Sinn hatten als erbauliches Genießen. Den Besserverdienenden jener Zeit fielen bei dem Wort Seereisen sofort Binsenweisheiten wie *Wasser hat keine Balken* ein, die jede weitere Beschäftigung mit solchen Gedanken als unvernünftigen Leichtsinn erscheinen ließen. Und selbst wer Schiffe als seetüchtig ansah und dem Können der Kapitäne und ihren Besatzungen vertraute, empfand die Aussichten auf das Leben in komfortloser Enge auf einem schlingernd durchs Wasser stampfenden Segler als wenig verlockend. Man sah den Ozean als eine *Schranke, die wirksamer als die höchsten Gebirgszüge uns den Zutritt zu fremden Ländern erschwerte. Eine Seereise war gleichbedeutend mit einer endlosen Reihe von Strapazen, und wer einmal den Entschluß gefasst, über den Ozean zu ziehen, den erfüllte im Voraus der Gedanke an all die Entbehrungen, die seiner harrten, mit Schrecken. Wer nicht nothgedrungen sich einschiffen mußte, sondern zur Erweiterung seiner Kenntnisse und Lebensanschauungen Reisen zur See unternahm, der wurde wie ein Held angestaunt, und ehrfurchtvolle Bewunderung zollte man dem Kühnen, der um solcher Zwecke willen die Behaglichkeit des Landlebens preisgab.*[1]

Der amerikanische Kulturphilosoph Ralph Waldo Emerson überquerte den Atlantik in den 1840er Jahren auf einem der damals gängigen Segelschiffe im Passagier- und Postdienst. Ihm blieben einige lästige Begleitumstände in übler Erinnerung. Das Schiff, und damit der Fußboden, habe sich ständig um 20 bis 30 Grad von einer Seite auf die andere geneigt, in der Koje wachte man nachts mit unbestimmten Empfindungen auf und fühlte sich, umgeben von der durch Bilgenwasser und Bratdunst faulig vergifteten Luft, schmählich entwürdigt, so daß man sich wunderte, wie in aller Welt jemand es aushalte, Seemann zu sein! Dazu kam die ständige Ungewißheit über die Reisedauer. Ein Segelschiff brauchte von Europa nach Amerika meistens vier Wochen, und bei widrigen Winden konnten leicht zwei oder drei weitere dazu kommen. Der Auswanderersegler DIAMOND brachte es 1837 zwischen Liverpool und New York sogar auf hundert Tage Reisedauer, wobei von den 180 Menschen an Bord 17 verhungert waren.

1 Der Reise-Begleiter für Ocean-Reisende. Hamburg-Amerika Linie (Hrsg.). Hamburg 1896. S.13

Die Anfänge

Erster-Klasse-Luxus um 1840 auf einem Packetsegler, so nannte man die im regelmäßigen Post- und Passagierdienst eingesetzten Segelschiffe. Der Zeichner ermöglicht uns einen Blick in zwei Kabinen der Ersten Klasse. Wir erkennen die Enge in den nur gute zwei Meter hohen Räumen. Links neben den Damen die plüschverhangenen, übereinander angeordneten Betten. In der Kabine der beiden Herren fällt der Blick auf die Kommode, die sich bei näherem Hinsehen als Waschtisch erweist, auf dem Wasserkaraffe und Waschschüssel sowie zwei bauchige Flaschen unbekannten Inhalts stehen – vielleicht ein Schlaftrunk? Das Licht aus den kleinen Fenstern reicht immerhin zur Lektüre, erlaubte Handarbeiten und reichte auch für den prüfenden Blick in den Spiegel. Ein sich unwillkürlich anbietender Eindruck täuscht jedoch: Ehepaare durften durchaus die Kabine teilen. (Hapag-Lloyd)

Hier geht der Blick nach achtern in die Gesellschaftssalons im Heck eines Packetseglers. Der Mast wird als Säule durch den links und rechts von zwei Sitzbänken flankierten Tisch geführt. Dieses Ensemble dient während der Mahlzeiten als Speisesaal, sonst als Herrensalon. Im Hintergrund ist als halbrunder Raum der Damensalon mit Wandspiegel und Fenstern in der Bordwand erkennbar. Die Türen in den Wandtäfelungen rechts und links der Sitzbänke führen direkt in die Passagierkabinen. *(Hapag-Lloyd)*

Erster-Klasse-Komfort, wie er auf den Dampfern bis in die 1860er Jahre geboten wurde: Der Blick fällt durch die nach innen geöffnete Kabinentür links auf die Etagenbetten. Geradeaus zwei Waschtische, auf denen Waschschüsseln mit Wasserkaraffen stehen. Darüber ein von kleinen Ablageborden flankierter Spiegel. Was man sonst noch an kleinen Dingen des täglichen Bedarfs um sich zu haben wünschte, fand in den Gepäcknetzen an der Bettenwand Platz. Von rechts kommt Tageslicht durch das Bullauge, vom Herrn für ein Lesestündchen auf dem Sofa genutzt. Dieses wird im Bedarfsfall als drittes Bett genutzt, und durch Hochklappen der Rückenlehne erhält man sogar eine vierte Schlafgelegenheit. Man stelle sich vier Personen in diesem Gelaß vor! Die Bettenbreite mit 60 cm und den Gang einen Meter breit geschätzt, hätte man eine Kabinenbreite von 2,20 Metern. Die Länge wird kaum mehr messen, so daß wir auf eine Kabinengröße von 4,8 Quadratmetern kommen. Vor den Fußenden der Betten bleiben auf jeder Seite 20 bis 30 cm Platz für das Aufhängen der Kleidung. Die hoffentlich nicht zu großen Koffer lassen sich unter die Betten schieben.
(Aus: Histoire de la Compagnie Générale Transatlantique)

Der typische Große Salon auf Dampfern bis in die1870er Jahre, der entweder wie auf diesem Bild als Gesellschaftssalon diente oder in dem man die Mahlzeiten einnahm, wofür dann die Klapplehnen zum Gang hinübergelegt wurden. Deutlich erkennbar die links und rechts mit Vorhängen geschlossenen Durchgänge zu den Kabinen. An der Decke die kardanisch aufgehängten Öllampen, die auch bei seitlichen Schlingerbewegungen lotrecht hängen.
(Aus: Neubaur)

Die BRITISH QUEEN der British & American Steam Navigation Company war 1839 das erste für einen regelmäßigen Nordatlantik-Passagierdienst gebaute Schiff und im Aussehen sehr typisch für die Liner bis ca. 1850. Der 1 862 BRT große hölzerne Raddampfer konnte 207 Fahrgäste in Kabinen aufnehmen. Nachdem 1841 das etwas größere Schwesterschiff PRESIDENT mit 136 Menschen im Sturm verlorengegangen war, mußte das Unternehmen den Betrieb einstellen. (Aus: History of the Anchor Line)

Diese jahrtausendealten, gesetzmäßigen Unbilden der Seefahrt waren Anfang des 19. Jahrhunderts erstmals aufgebrochen worden: An der amerikanischen Küste hatte Robert Fulton 1807 mit der CLERMONT das erste nicht nur technisch erfolgreiche, sondern auch wirtschaftlich rentable Dampfschiff in Fahrt gebracht.

Am Morgen des 17. Juni 1819 hatte das neue Zeitalter dann Europa erreicht, das darauf aber so gar nicht vorbereitet war. Der Leuchtturmwärter von Cape Clear am südlichsten Zipfel Irlands entdeckte auf See ein in Qualm gehülltes Segelschiff. Sofort gab er auf dem damals üblichen Weg des optischen Telegrafen Alarm. Der Zollkutter KITE eilte dem »brennenden« Segler zu Hilfe, mußte sich aber vom Kapitän des vermeintlich in Not befindlichen Schiffes sagen lassen, daß erstens der Segler ein Dampfer sei und zweitens auch keineswegs brenne, sondern mit Maschinenkraft und deswegen qualmend sich auf der Fahrt von Savannah nach Liverpool befände. Ob sich der Kommandant des kleinen Zollkutters wohl der historischen Stunde bewußt wurde, deren erster Zeuge er war? Die SAVANNAH, der erste Überseedampfer der Welt, hatte den Atlantik überquert! Daß von den 30 Reisetagen nur knapp vier unter Dampf gefahren und ansonsten gesegelt worden war, minderte diese Pionierleistung in keiner Weise. Obwohl sie natürlich zeigte, wie viel noch zu tun blieb bis zu einem Dampferverkehr über den Atlantik – gar mit Passagieren!

Erst 1833 beförderte der 364 BRT große hölzerne Raddampfer ROYAL WILLIAM auf seiner einzigen Transatlantikfahrt in 36 Tagen von Quebec nach Gravesend an der Themse zum ersten Mal Passagiere – ganze sieben! Erst 1838 machte ein zweiter Dampfer, die 703 BRT große SIRIUS, zwei Rundreisen zwischen London und New York in immerhin schon drei Wochen je Richtung.

Aber erst die subventionierte britische Cunard Line markierte im August 1840 mit der Jungfernreise des 1 154 BRT großen hölzernen Raddampfers BRITANNIA die Einführung des Dampfers in den fahrplanmäßigen Überseeverkehr. Die nicht mehr auf die zur Willkür neigende Antriebskraft des Windes angewiesenen Dampfer schafften die Reise von Europa nach Nordamerika in zehn Tagen. Eine Verkürzung der Reisezeit um fast zwei Drittel und die – wenn auch nicht hundertprozentige – Gewißheit der pünktlichen Ankunft stellte in der Tat einen beachtlichen Fortschritt dar. Wer sich allerdings von diesen ersten Dampfern auch einen höheren Wohnkomfort erhofft hatte, wurde enttäuscht. Zwar übertrafen sie die Segler auch in der Schiffsgröße deutlich, dieses Mehr an Platz wurde aber restlos von der Maschine und den vier Dampfkesseln, vor allem aber von dem Brennstoffvorrat an Kohle beansprucht.

Die sarkastischen Bemerkungen des berühmten Charles Dickens über den Komfort auf der BRITANNIA werden gern zitiert. Als er 1842 seine Kabinentür öffnete, wußte er nicht, ob er ärgerlich staunen oder dieses Domizil unglaublich komisch finden sollte. Dickens beschrieb in seinen 1842 entstandenen *American Notes* seine Kabine als *gänzlich unpraktische, durch und durch hoffnungslose, ja geradezu groteske Schachtel.* Derart eingestimmt, entdeckte er beim Rundgang durch die BRITANNIA, daß der *Grand Saloon* für die 115 Passagiere nur von *einem* Kohleofen geheizt wurde und daß der einzige weitere Gesellschaftssalon, das Rauchzimmer, in einer Nische über dem Kesselraum lag, in deren unmittelbarer Nähe die Heizer die Asche nach oben hievten. Nunmehr nörgelnd notierte Dickens, daß kein Musikinstrument an Bord war und daß man, um seinen Platz an der langen table d'hotel einnehmen zu können, über die Rückenlehne der Sitzbank klettern müsse.

Diese Zeugnisse zweier Geistesgrößen von beiden Seiten des Atlantiks machen offenkundig, daß in den 1840er Jahren von einer komfortablen Seereise nur als etwas dringlich Wünschenswertem gesprochen werden konnte. Ralph Emerson hätte in seine rethorische Frage durchaus die Passagiere mit einbeziehen sollen: Wie um Gottes willen kann man nur eine Seereise buchen!

Nun können wir durchaus unterstellen, daß beide Herren mit angemessenem sense of humor ein klein wenig übertrieben hatten, denn wenn alles tatsächlich soo abschreckend gewesen wäre, hätte man über die weitere Entwicklung der Passagierschifffahrt wegen fehlender Nachfrage ja gar nicht mehr nachzudenken brauchen.

Genau das aber taten die besten Ingenieure des damals führenden britischen und anglo-amerikanischen Schiff- und Maschi-

Die CELTIC, Schwesterschiff der im Text ausführlich erwähnten REPUBLIC, gehörte zu jenem innovativen Dampferquartett, mit dem die britische White Star Line 1871 neue Wege beschritt. Sichtbarer Ausdruck waren die sich erstmals nennenswert über den Schiffsrumpf erhebenden Aufbauten.

nenbaus, und tatsächlich waren es gerade ihre Fähigkeiten, auf die es in der Mitte des 19. Jahrhunderts ankam. Erst wenn die Voraussetzungen für den Bau größerer Schiffe mit wirtschaftlicheren Maschinenanlagen geschaffen waren, konnten die Reeder mit Aussicht auf den notwendigen Gewinn investieren und mit neuen, moderneren Schiffen Erfahrungen sammeln, die dann wiederum in Denkanstöße für die Techniker mündeten. In dieser Reihenfolge wurde gehandelt.

1850 trat die ATLANTIC, ein hölzerner Raddampfer von 2 860 BRT der amerikanischen Collins Line, die Jungfernreise an. Ihre Einrichtungen übertrafen deutlich den Komfort der Konkurrenz. Gläserne Ventilatorenschächte sorgten für Licht und Frischluft in den Kabinen und Salons, die zum ersten Mal mit Dampfheizungen ausgestattet waren. Das Bedienungspersonal konnte jederzeit über Klingelleitungen herbeigerufen werden, wie zeitgenössische Berichte bewundernd konstatierten.

Im Schiff- und Maschinenbau kam man in den folgenden zwanzig Jahren in kleinen Schritten voran. An die Stelle hölzerner Raddampfer wie der ATLANTIC traten nach und nach eiserne Schraubendampfer. Der große britische Ingenieur Isambard Kingdom Brunel hatte schon 1845 mit der GREAT BRITAIN den ersten gebaut, damals das größte und großartigste Schiff der Welt! Im Maschinenbau war man von den einzylindrigen Seitenhebelmaschinen zu zweizylindrigen Zwillingsmaschinen übergegangen, deren Leistung man allmählich durch Hilfsmittel wie Dampfmantel, Überhitzer und Kondensatoren steigerte. Noch höhere Leistungen setzten aber bessere Kessel voraus, deren schwierige Entwicklung nur langsam voranging. Die Kessel der BRITANNIA konnten 1840 einen Arbeitsdruck von 1 Atmosphäre erzeugen. Bis Ende der 1860er Jahre hatte man gerade einmal 4 atü erreicht. Immerhin, damit ließ sich bereits ein neuer Maschinentyp betreiben, die Verbundmaschine, die gegenüber der Zwillingsmaschine 33 Prozent weniger Brennstoff verbrauchte – ein Riesenschritt hin zum wirtschaftlicheren Passagierschiff!

Mit einer besseren Unterbringung der Passagiere ließ man sich mehr Zeit. Die etablierten Briten und Amerikaner brachten ihre Fahrgäste zwar anständig unter, zu größerem Aufwand jedoch sahen sie bei fehlender Konkurrenz keinen Anlaß. Bald aber hatten deutsche, französische und andere europäische Reeder ebenfalls Dampfer, und obwohl der wachsende Verkehr allen genug Fahrgäste sicherte, versuchte jeder sofort, das Geschäft der Konkurrenz an sich zu ziehen. Werbewirksames Mittel war dabei die Geschwindigkeit. Schnelle Schiffe verkürzten die Reisezeit, was die Passagiere nicht nur wegen des reinen Zeitgewinns anzog, sondern vor allem deswegen, weil sie die oft keineswegs als angenehm empfundene Überfahrt verkürzten. Die Schiffe der 1850er und 60er Jahre waren eben noch keine Luxusliner!

Wenige Jahre später fielen die Urteile über die Seepassagen schon vorteilhafter aus. Ein bei Maginnis zitierter Mr. Hepworth Dixon erinnerte sich an seine Atlantiküberquerung auf dem Dampfer REPUBLIC der White Star Line anno 1874: *Wie großartig sind diese Passagierschiffe! Die »Republic« ist ein schwimmender Palast mit dem Stil und Komfort eines Schweizer Hotels. Ich habe die Decks vieler Schiffe erkundet und mein Haupt in viele Kojen gebettet, und ich kann nur sagen, daß ich mit der »Republic« über alle Maßen zufrieden bin. Ich habe sie jetzt über mehrere Tage und Nächte im rauhesten Wetter kennengelernt und bin überzeugt, daß mir kein Schiff jemals besser gefallen wird. Ein schwimmender Palast für 500 Menschen, mehr als 400 Fuß lang. Mittschiffs ein großer Salon, farbenfroh und mit weichen Polstermöbeln ausgestattet. Hier können die jungen Damen flirten, während ihre Eltern über Büchern dösen oder in Zeitschriften blättern. Der ruhige Lauf des Schiffes ist bemerkenswert und die Belüftung perfekt – ausgenommen vielleicht an jenem Konzertabend, als uns die frische Atemluft so munter machte, daß uns keine Minute der träge dahinplätschernden Darbietung entging.*

Es gibt eine Menge komfortabler Extras, die selbst in einem erstklassigen Schweizer Hotel nicht zu finden sind. Da ist ein gutes Piano, eine richtige Bibliothek, ein Frisiersalon, und sowohl die Damen wie die Raucher haben einen eigenen Salon. Allen Passagieren wird eine gedruckte Liste der Mitreisenden sowie eine Routenkarte des Nordatlantiks überreicht. So kennt man die Namen seiner Nachbarn und kann sich täglich den Reisefortschritt in die Karte einzeichnen lassen. Die Besatzung ist perfekt, vom Kapitän, in dessen Können und Wachsamkeit wir größtes Vertrauen setzen, bis hinunter zu seinem Diener, einem jungen, fröhlichen Taugenichts, der auch mein eigenes Bett betreut und stets genügend Eiswasser bereitstellt.

Dieses positive Urteil über die 3 707 BRT große REPUBLIC war berechtigt. Sie gehörte zu jenen ersten Dampfern der britischen White Star Line, mit denen diese Reederei 1871 die Passagiereinrichtungen auf Dampfern revolutionierte. Bis dahin waren die Passagiere der Ersten Klasse international ganz hinten im Schiff untergebracht – wie es auf den Segelschiffen von jeher üblich gewesen war. Genau unter dem Achterschiff befindet sich aber bei einem Dampfer der Schiffspropeller, meist Schraube genannt, dessen riesige Flügel das Schiff mit 90 Umdrehungen pro Minute durch den Ozean schieben, was keineswegs geräuschlos vonstatten geht und oft auch den Schiffsrumpf in unangenehme Vibration versetzt. Ausgerechnet in den teuersten Kabinen der Dampfer und den zugehörigen Gesellschaftsräumen war es also am ungemütlichsten! Dabei ist ein anderer Nachteil dieser Lage im Achterschiff noch gar nicht erwähnt worden, nämlich die Tatsache, daß Vor- und Achterschiff im Seegang natürlich die größten Auf- und Abwärtsbewegungen machen und damit empfindlichen Naturen die gefürchtete Seekrankheit garantieren!

Die berühmte Werft von Harland & Wolff in Belfast hatte jetzt also mit diesem alten Zopf verdientermaßen Schluß gemacht: Kabinen und Gesellschaftsräume der Ersten Klasse lagen jetzt in der Schiffsmitte, wo Seegang und Schraubengeräusche kaum noch störten. Doch die White Star Line ging noch weiter. Während auf dem ersten Schiff dieser Klasse, der OCEANIC, 1871 noch Wachskerzen Licht gespendet hatten, gab es 1872 in den Salons der ADRIATIC schon Gasbeleuchtung, die zwei Jahre später auf der BRITANNIC von den weniger gefährlichen Petroleumlampen abgelöst wurde, die man wiederum kurz darauf mit dem noch gefahrloserem pflanzlichen Öl speiste. 1874 war es erneut die White Star Line, die auf der GERMANIC mit künstlichem Zug die Ventilation deutlich verbesserte.

All diese sinnvollen Neuerungen übernahmen natürlich sofort auch die Konkurrenzreedereien aller Nationen. In schnellen Schritten folgten weitere Bequemlichkeiten für die Fahrgäste: In den Kabinen der CITY OF RICHMOND der britischen Inman Line gab es 1873 fließendes kaltes und warmes Wasser. Auf einem weiteren Schiff dieser Reederei, der CITY OF BERLIN, waren 1879 zum ersten Mal die Gesellschaftsräume elektrisch beleuchtet. Auf der CITY OF ROME hatten die Passagiere 1881 sogar in den Kabinen elektrisches Licht, das sich jetzt international schnell auf allen Dampfern durchsetzte. Die seit 1881 vom Norddeutschen Lloyd in Dienst gestellten Schnelldampfer der Flüsse-Klasse genossen wegen ihrer Passagiereinrichtungen einen hervorragenden internationalen Ruf, den die britische Fachzeitschrift Engineering im Juni 1890 in einem Rückblick auf *The Recent Progress of Atlantic Navigation* als *Wunder in bezug auf Komfort* zusammenfaßte.[2]

Tatsächlich hatten die Einrichtungen der Passagierdampfer Mitte der 1880er Jahre ein ganz beachtliches Niveau erreicht. Außer dem Speisesaal alias Großem Salon gab es jetzt weitere große Gesellschaftsräume. Seit den 1870er Jahren waren auch die bis dahin üblichen, von Dickens monierten Klappbänke an den langen Tafeln durch bequeme Drehsessel mit Armlehnen ersetzt worden; man konnte jetzt seinen Platz einnehmen, ohne die Nachbarn stören zu müssen. Außerdem gab es damals bereits Proviantkühlräume sowie Apparate zur

2 Zitiert bei R. Haack und C. Busley: Die technische Entwicklug des Norddeutschen Lloyds und der Hamburg-Amerikanischen Packetfahrt-Aktiengesellschafft. Berlin 1893. Seite 40

Erzeugung von künstlichem Eis. Selbstverständlich standen zeitgemäß eingerichtete Hospitäler zur Verfügung, zwei mußten es mindestens sein, nämlich je eins für Männer und Frauen. Bäder und Toiletten, die es ja in den Kabinen noch nicht gab, standen in den Decks in ausreichender Zahl zur Verfügung.

Wenige Jahre später ermöglichte der technische Fortschritt dann die entscheidenden Schritte auf dem Weg zum erstrebten Luxus auf den Meeren. Gleich drei technische Neuerungen kombinierte man beim Entwurf eines zukunftweisenden Schnelldampfers:

1. Den neuen Werkstoff Stahl, dessen höhere Festigkeit gegenüber dem bisher verwendeten Eisen es den Konstrukteuren gestattete, die Schiffsgrößen nach Erfordernis zu steigern, – also erstmals die wichtigste Voraussetzung für Luxus zu schaffen, nämlich ausreichenden Platz.

2. Ein Kesseldruck von über 10 atü ermöglichte die leistungsfähigere und wirtschaftlichere Dreifach-Expansions-Dampfmaschine, die diesen größeren Schiffen ihre hohe Geschwindigkeit verlieh.

3. Das neue Zweischraubensystem, dessen zwei durch Längsschotten voneinander getrennte Maschinen nicht nur die Antriebskraft des Dampfers steigerten, sondern auch die Manövrierfähigkeit erhöhten und damit die Schiffssicherheit ganz entscheidend verbesserten.

Die Hamburg-Amerika Linie faßte diese Entwicklung in einem Büchlein für ihre Passagiere zusammen: *Zeit ist Geld! Nirgends gilt dies Wort so viel als zur See, nirgends hat es mehr Macht gewonnen als dort. Und wie Alles, was mit dem Meer zusammenhängt, mit grösserem Maassstab gemessen sein will als Landverhältnisse, so führte auch das Geizen um die Zeit in der Schifffahrt zu riesenhaften Fortbewegungsmitteln, die jedem Vergleich mit der Beförderung am Lande entrückt sind. Grosse Geschwindigkeit konnte nur dadurch erzielt werden, dass man zu gewaltigen Schiffsdimensionen griff, und was hierzu ermunterte, war, ausser dem Drängen der Reisenden nach rascher Beförderung, der zweite in der Schifffahrt maassgebende Factor – die Sicherheit.*

Als man zu Schiffsgrössen gelangte, wie sie die modernen Schnelldampfer aufweisen, da konnte man auch zum ersten Male jenes langersehnte Ideal erreichen, die Schiffe durch eine von vorn nach hinten laufende Scheidewand in zwei von einander unabhängige Hälften zu trennen und sie außerdem noch durch Querwände in eine Anzahl Zellen zu theilen. Der Boden des Schiffes ist doppelt und hat, wieder ganz für sich, siebzehn wasserdichte Unterabtheilungen, sodass der Dampfer praktisch unsinkbar ist. Die Schnelldampfer besitzen zwei vollständig voneinander getrennte Maschinen und zwei Schiffsschrauben und sind dadurch gegen die Gefahren eines Ruder- oder Schaftbruches auf See in möglichster Weise geschützt. So bedeutet Zeit, d.h. Schiffsgeschwindigkeit, zugleich auch Sicherheit.[3]

Drei große Nordatlantikreedereien führten diese bahnbrechende Neuerung in den Jahren 1888–1891 praktisch gleichzeitig ein, zwei weitere folgten wenig später, wie die folgende Liste aller bis 1897 gebauten Zweischraubenschnelldampfer zeigt:

Baujahr	**Name**	**Reederei**	**BRT**
1888	CITY OF NEW YORK	Inman Line, Liverpool	10 499
1889	CITY OF PARIS	Inman Line, Liverpool	10 449
1889	AUGUSTA VICTORIA	Hamburg-Amerika, Hamburg	7 661
1889	TEUTONIC	White Star Line, Liverpool	9 984
1889	COLUMBIA	Hamburg-Amerika, Hamburg	7 578
1890	MAJESTIC	White Star Line, Liverpool	9 965
1890	NORMANNIA	Hamburg-Amerika, Hamburg	8 716
1891	FÜRST BISMARCK	Hamburg-Amerika, Hamburg	8 716
1893	CAMPANIA	Cunard Line, Liverpool	12 950
1893	LUCANIA	Cunard Line, Liverpool	12 950
1895	ST. LOUIS	American Line, New York	11 629
1895	ST. PAUL	American Line, New York	11 629

Die Tabelle macht erneut einen interessanten Aspekt der Nordatlantik-Passagierschiffahrt deutlich, daß nämlich dieser mutige Schritt nicht von einer der staatlich subventionierten Linien ausging, sondern von zwei Reedereien, die sich auf eigene Kosten am Nordatlantik-Passagierdienst beteiligten: der Inman Line, von deren früheren Pionierleistungen wir schon hörten, und der deutschen Hamburg-Amerika Linie (Hapag). Die als dritte Reederei beteiligte White Star Line bezog an sich keine Subventionen, erhielt aber dennoch für den Bau dieser beiden Zweischrauben-Schnelldampfer staatliche Gelder, weil sie bauliche Extrawünsche der britischen

3 Hamburg-Amerika Linie (Hrsg.): Der Reise-Begleiter für Ocean-Reisende. Hamburg 1896. Seite 5f.

Seereisen in den 1880er Jahren

Ankunfts-Anzeige.
Laut telegraphischer Nachricht ist der
Dampfer Lahn
am 11 Sept. Abend 11 Uhr wohlbehalten
in New-York angekommen.
Chr. Emil Derschow
Frankfurt am Main
Kaiserstrasse 27.
General-Agent für Hessen-Nassau.
14 Kaiserstrasse 14, Kaiserplatz

Schon Ende des 19. Jahrh. gab es den kostenlosen Service, seine Angehörigen von der glücklichen Ankunft in der Neuen Welt benachrichtigen zu lassen. Man hinterlegte beim Fahrkartenkauf eine Adresse, an welche die Agentur dann die abgebildete Postkarte schickte.

Die New Yorker Agentur des Norddeutschen Lloyd zierte in den 1880er Jahren die Titelseiten der Passagierlisten jeweils mit einer Abbildung eines Dampfers der Flüsse-Klasse; hier die 5 097 BRT große LAHN. Der Lloyd stellte in den Jahren 1881–1891 elf solcher Zweischornstein-Dampfer mit hoher Reisegeschwindigkeit in Dienst, die sogenannte Flüsse-Klasse.

Nach der Ankunft eines Schnelldampfers der Flüsse-Klasse in Bremerhaven verlassen die Passagiere der Ersten Klasse das Schiff.
(Zeichnung von Adolf Ward. Deutsches Schiffahrtsmuseum)

An Deck der AUGUSTA VICTORIA. *(Zeitgen. Prospekt)*

Admiralität für die Verwendung der Dampfer als Hilfskreuzer berücksichtigt und beide Schiffe im Kriegsfall der Marine zu überlassen hatte. Die subventionierte Cunard Line stellte ihren ersten Dampfer des neuen Typs erst fünf Jahre nach dem Pionierschiff in Dienst, und noch einmal zwei Jahre später folgte die American Line.

Die Hamburg-Amerika Linie hat von allen continentalen Dampfergesellschaften zuerst das Zweischraubensystem eingeführt und damit den Weg betreten, der den modernen Passagierverkehr kennzeichnet: Grosse Geschwindigkeit gepaart mit höchster Sicherheit.[4] Angesichts unserer Tabelle mutet diese Werbeaussage der Hapag etwas angeberisch an, sie entsprach jedoch genau den Tatsachen. Obwohl natürlich geographisch die Britischen Inseln zu Europa gehören, teilen die Briten bis zum heutigen Tag Europa in das United Kingdom und »den Kontinent« auf; nichtbritische europäische Reedereien sind also continental lines. Diese britische Marotte münzte die Hapag in eine sehr erfolgreiche Werbekampagne um, die um so wirkungsvoller war, als die continental lines – und hier wieder besonders die deutschen – einen großen Teil der britischen Nordatlantikpassagiere und der Post beförderten. Dies deswegen, weil die großen britischen Transatlantiklinien damals von Häfen der britischen Westküste aus fuhren und so den belgischen, deutschen, niederländischen und französischen Reedereien das lukrative Anlaufen der britischen Kanalhäfen überließen.

In geradezu enthusiastischer Begeisterung schrieb Henry Fry 1896 über die Einrichtungen der neuartigen Dampfer. Auf der CITY OF PARIS und ihrer Schwester beeindruckten ihn die großartigen Speisesäle mit riesigen, sechs Meter hohen gewölbten Glasdomen von 16,2 x 7,6 Metern Ausdehnung sowie die mit 900 Bänden größte schwimmende Bibliothek. Sogar an den Gottesdienst hatten die Erbauer gedacht, bemerkenswert auf einem Schiff, das sein Ziel in jeweils einer knappen Woche erreichte: An jedem Ende des Großen Salons befand sich ein Eckfenster, eines gab nach dem Öffnen eine Kanzel frei, während sich hinter dem anderen eine Orgel verbarg. Auf TEUTONIC und MAJESTIC faszinierten Fry die künstlerische Ausstattung und die Zweckmäßgkeit der Einrichtung. Die 1893 gebauten CAMPANIA und LUCANIA, die Cunard bereits als Antwort auf die ersten Zweischrauben-Schnelldampfer konzipiert hatte, beeindruckten durch die Größe und Zahl der Gesellschaftsräume. Der Grand Saloon war 30 Meter lang, 19 Meter breit und 3 Meter hoch, der Rauchsalon maß 12 x 14 Meter und die Bibliothek immerhin 9 x 7 Meter.[5]

Die neuen Doppelschraubenschnelldampfer werteten die Seereise in kürzester Zeit derart auf, daß diese von der gefürchteten Notwendigkeit zu einem herbeigesehnten Vergnügen wurde. Damit verschafften diese neuen Schiffe ihren Reedereien auf Anhieb große Wettbewerbsvorteile. Konventionelle Schiffe mußten dagegen Verkehrsanteile abgeben. Der Norddeutsche Lloyd in Bremen z.B., damals in der Zahl der pro Jahr über den Atlantik beförderten Fahrgäste international führend, bekam die Konkurrenz der Hapag im nur 100 Kilometer entfernten Hamburg besonders deutlich zu spüren, was man anhand folgender Vergleichszahlen nachvollziehen kann:

Passagiere nach Nordamerika, jeweils hin und zurück

Jahr	Lloyd		Hapag	
	West-	Ostrichtung	West-	Ostrichtung
1887	64 078	26 084	30 321	6 873
1890	85 173	32 627	66 862	15 784

Dabei hatte die Hapag 1890 erst drei ihrer neuen Schnelldampfer in Betrieb. Der Lloyd anderseits, der als Erfinder des Luxus zur See gilt, betrieb damals mit neun Schiffen die größte Schnelldampferflotte der Welt und bot zwischen Bremerhaven und New York bis zu drei Rundreisen pro Woche an. Als Reaktion auf die Hapag-Neubauten bestellte der Lloyd zwei weitere Schnelldampfer, übrigens wieder mit nur einer Schraube, da der Lloyd das neue Antriebssystem für noch nicht ausgereift hielt!

Der bereits zitierte *Reise-Begleiter für Ocean-Reisende*[6] der Hapag vermittelt ein sehr plastisches Bild vom Leben an Bord der neuen Zweischraubenschiffe:

Comfort und Bequemlichkeit

Sicherheit und Schnelligkeit sind zwar wichtige Factoren für eine Fahrt auf See. Sie vermögen allein aber nicht die Unbehaglichkeit zu heben, welche der Reisende empfindet, der zum ersten Male die Schiffplanken betritt, oder, wie der Seemann sagt, sich seine Seebeine erst anschaffen muß. Um die Seereise zu einem Vergnügen zu

4 Hamburg-Amerika Linie (Hrsg.): Der Reise-Begleiter für Ocean-Reisende. Hamburg 1896. Seite 6.

5 Fry, Henry: The History of North Atlantic Steam Navigation. London 1896.

6 Hamburg-Amerika Linie (Hrsg.): Der Reise-Begleiter für Ocean-Reisende. Hamburg 1896. Seite 12ff.

Den ganzen Stolz auf den Anfang der 1890er Jahre erreichten Standard bei Luxus und technischem Fortschritt strahlt dieses Werbebild des Doppelschrauben-Schnelldampfers FÜRST BISMARCK der Hapag aus. Mit 8 874 BRT war die 1891 abgelieferte FÜRST BISMARCK das größte und prächtigste Schiff der AUGUSTA-VICTORIA-Klasse, zu der außerdem noch die COLUMBIA und NORMANNIA gehörten. (Hapag-Lloyd)

gestalten, bedarf es noch eines Dritten, nämlich besonders sorgfältig erdachter, wohnlicher und bequemer Einrichtungen, einen Luxus, der den Passagier vergessen läßt, daß er seinem gewohnten Elemente entrückt ist und unter gänzlich veränderten Lebensbedingungen steht. In dieser Beziehung hat sich seit Beginn der Schnelldampfer-Aera ein erstaunlicher Umschwung vollzogen. Ein Schnelldampfer ist für die Dauer der Fahrt ein elegantes Clubhaus, in dem sich die Reisenden zusammenfinden, um sich in Sicherheit und umgeben von Luxus gesellschaftlichen Genüssen hinzugeben, sich je nach Neigung kosmopolitischer Unterhaltung, oder dem Spiel, der Musik – kurz, der Erholung jeder Art zu widmen.

Die Hamburg-Amerika Linie hat ihr höchstes Bestreben darauf gerichtet, die Behaglichkeit der Reisenden mit allen Mitteln zu fördern. An Bord der Schnelldampfer athmet der Passagier nur Luxus und Comfort. Die grossen Speisesäle, die prachtvollen Damen- Musik und Rauchsalons, die Schlafzimmer sind in Anordnung und Ausschmückung Meisterwerke, an deren Entwürfen und Fertigstellung die hervorragendsten deutschen Künstler mitgewirkt. Besonders hervorzuheben sind die geräumigen, mit elektrischer Beleuchtung und trefflicher Ventilation versehenen Schlafzimmer mit grossen und bequemen Betten, ferner elegante Baderäume und Toiletteeinrichtungen. Die Speisesäle sind hoch und luftig, mit einem domartigen Oberlicht überdacht und mit reichen Holzschnitzereien und werthvollen Gemälden ausgeschmückt. Der Neuling, der zuerst einen solchen Saal betritt, hat Mühe, sich zu vergegenwärtigen, dass er sich in einem Schiffsraum befindet. Das geräumige Promenadendeck bietet auch bei unruhigem Wetter Schutz und Gelegenheit zu einem Spaziergang in der frischen Seeluft.

Die im Verhältnis zu den umfangreichen Räumlichkeiten mässig hohe Zahl von jeweilig zugelassenen Passagieren verhütet eine Überfüllung der Dampfer und die damit verbundenen Unbequemlichkeiten.

Das Leben an Bord

Bei all dem Comfort, der ausgezeichneten Bedienung und der grossen Vorsorge, die für die Reisenden an Bord getroffen, ist heutzutage die Kunst, sich das Leben auf einem Schiffe behaglich zu machen, leicht erlernt. Das erste Gebot bleibt natürlich, die Zeit so angenehm als möglich hinzubringen, und dazu fehlt es bei der grossen Gesellschaft, die sich an Bord eines Schnelldampfer zusammenfindet, nicht die Gelegenheit.

Wer zum ersten Male die Schiffsplanken betritt und der Seekrankheit unterworfen ist, der hüte sich vor den unfehlbaren Mitteln, die von Mitreisenden gegen dieses Übel empfohlen werden. Es läuft, weil die ganze angebliche Krankheit nun doch einmal harmloser Natur ist, bei diesen Rathschlägen allzuleicht etwas Schabernack unter. Wer von der Seekrankheit belästigt ist, vertraut sich am besten dem Arzt an.

Besondere Vorsorglichkeit lasse man hinsichtlich der Auswahl des Gepäcks walten, das man mit in die Schlafkammern nehmen will. Für die Reise selbst sind nicht allzugrosse Aufwendungen an Toilette erforderlich. Man schränke sich daher mit dem Handgepäck ein, da man sich sonst unnötigerweise den Raum in den Kammern beengt. Ein kleiner niedriger Koffer, der sich unter das Bett schieben läßt, eine bequeme Reisetasche und ein Plaidriemen sollte Alles sein, was ein Passagier in seiner Cabine unterbringt.

Luxus am fin de siècle - an Bord

Speisesaal des Reichspostdampfers PRINZ HEINRICH.

Das Kinderzimmer auf dem Reichspostdampfer PREUSSEN.

(Alle Abbildungen dieser Seite Atelier Bollhagen. Deutsches Schiffahrtsmuseum)

Großer Salon auf der WERRA.

Lichtschacht des Großen Salons der KAISERIN MARIA THERESIA, die links sichtbare Treppe führt in den ein Deck höher gelegenen Damensalon.

gebracht von Johann G. Poppe

Eine der geräumigeren Kabinen auf dem Promenadendeck, mit bis zu 12 Quadratmetern doppelt so groß wie die normalen Kabinen der Ersten Klasse.

Die Luxuskabine auf dem vorderen Promenadendeck macht ihrem Namen alle Ehre.

Blick in eine normale Standard-Vierbettkabine Erster Klasse, deren Komfort deutlich hinter dem der beiden oben gezeigten zurückblieb.

(Alle Abbildungen dieser Seite aus zeitgen. Hapag-Prospekten der Zweischrauben-Schnelldampfer der Hapag)

Höhepunkt des Tages war das abendliche Dinner im Speisesaal. Man beachte die vier über dem Tischtuch befestigten Leisten, die bei stürmischem Wetter das Abrutschen der Gedecke von der Tafel verhindern sollen.

Ein Klapp- oder Dampferstuhl ist an Bord ein unentbehrliches Requisit. Der Passagier hat in der Regel nichts Besseres zu thun, als dem süssen Nichtsthun zu fröhnen, die frische Seebriese einzuathmen und sich zu sonnen. Ein bequemer Dampferstuhl ist in der Regel der Ort, wo man sich dieser Beschaulichkeit hingiebt. Der Name des Eigenthümers sollte in grossen Buchstaben an der Vorderseite der Kopflehne angebracht sein, damit man nicht ein Dutzend Damen ersuchen muß, aufzustehen, wenn man seinen Stuhl sucht. Eine amerikanische Gesellschaft, die Ocean Comfort Company, vermiethet solche Stühle gegen Zahlung von 1 Dollar oder M 4.20 pro Reise.

Garderobe

Bequemlichkeit ist an Bord das erste Gebot, und zur Entfaltung reicher Toiletten ist ein Dampfer nicht der geeignete Ort. Damen sollten ein bequemes Costüm wählen, das ohne viel Mühe und Umstände anzulegen ist. Ein Kleid aus dunkelblauem Serge oder Flanell, mit einem Waterproof von gleichfalls dunkler Farbe sind zu empfehlen. Dicke Stiefel, kleine Capothhüte und dicke Schleier sollten nicht vergessen werden.

Herren sollten warme Kleider und einen Überzieher zur Hand behalten. Ein alter Anzug, mit dem man auf dem Deck herumlungern kann, ohne Furcht ihn zu beschädigen, ein weicher Filzhut oder eine Reisemütze erweisen sich stets als nützlich.

Arzt

An Bord der Dampfer ist ein erfahrener, approbierter Arzt angestellt. Reisende, welche während der Fahrt erkranken, können seine Dienste in Anspruch nehmen. Die Behandlung geschieht kostenfrei, desgleichen wird für die verabreichten Medikamente nichts berechnet. Dagegen ist es dem Schiffsarzt gestattet, das übliche Honorar zu fordern von Reisenden, welche sich wegen eines Leidens behandeln lassen, das nicht während der Fahrt entstanden ist.

Stewards

Geschulte Stewards und Stewardessen, die der deutschen und englischen Sprache mächtig sind, bedienen die Reisenden während der Fahrt.

Bäder

Sowohl in der ersten wie in der zweiten Klasse sind elegante Baderäume zur Verfügung der Reisenden vorhanden. Passagiere, welche die Badeeinrichtungen zu benutzen wünschen, haben solches gefl. ihrem Kammersteward oder dem Barbier vorher anzumelden, worauf ihnen das Badezimmer für einen vereinbarten Zeitpunkt zur Verfügung gestellt wird.

Mahlzeiten

Frühstück wird in der Regel von 8 Uhr morgens ab serviert. Lunch von 12 1/2 Uhr ab. Diner gegen 6 Uhr. Thee um 8 Uhr abends. Kindern unter zwölf Jahren und der Dienerschaft wird besonders servirt. Die Küche an Bord der Hamburger Dampfer hat einen Weltruf erlangt, und an Weinen und anderen Getränken werden nur die besten Marken an Bord geführt und zu mässigen Preisen verkauft. Die Sitze an der Tafel werden vom Obersteward für die einzelnen Passagiere belegt und zwar bei der ersten Mahlzeit nach Abfahrt des Dampfers.[7]

Sehr informativ sind auch folgende zusätzliche Informationen, die eine andere Broschüre den Passagieren zur Beachtung empfiehlt:

Barbier. Der an Bord befindliche Barbier ist berechtigt, für seine Dienstleistungen eine Vergütung zu beanspruchen. (z.B. Rasieren 40 Pfg., Haarschneiden 75 Pfg.) Extraleistungen nach besonderer Vereinbarung.

***Briefe.** An Bord der Hamburger Schnelldampfer befindet sich ein deutsches und amerikanisches See-Postamt.*

***Cigarren** in bester Auswahl wer-*

7 Hamburg-Amerika Linie (Hrsg.): Der Reise-Begleiter für Ocean-Reisende. Hamburg 1896. Seite 41-45.

den vom Ober-Steward zu moderaten Preisen feilgehalten. Das Rauchen ist nur in den dazu bestimmten Rauchzimmern und auf Deck gestattet.

Gepäck. Passagiere, welche während der Reise zu ihrem im Unterraum verstauten Gepäck zu gelangen wünschen, haben sich dieserhalb an den 2. Officier zu wenden.

Schreibpapier, Couverts werden auf Wunsch vom Ober-Steward gratis verabfolgt.

Stewards. Dieselben sind strengstens angewiesen, den Wünschen der Reisenden mit Bescheidenheit und Freundlichkeit zu begegnen. Die Passagiere werden ersucht, ihre Klagen über etwaige nachlässige Bedienung oder unhöfliches Benehmen der Stewards dem Ober-Steward mitzutheilen. Wenn alsdann keine Abhülfe erfolgt, ist dem Capitain Anzeige zu machen.

Stiefelputzen. Stiefel und Schuhe der Passagiere sind zur Reinigung vor die Kammerthür zu stellen.

Telegramme. Formulare zu solchen sind beim Zahlmeister in Empfang zu nehmen, der auch deren Ablieferung gegen Entrichtung der bezüglichen Kosten übernimmt.[8]

Nach diesen interessanten Einblicken in das Bordleben soll das folgende Zitat unsere Kenntnisse um einen wichtigen Punkt erweitern, nämlich den der Qualifikation der Besatzungen dieser Schiffe. Unser bewährter Reisebegleiter berichtet auch darüber ausführlich:

Die Officiere der Hamburg-Amerika Linie

Die Hamburg-Amerika Linie hat an Bord ihrer Schiffe eine durchaus militärische Disciplin eingeführt. Wer als Officier in die Linie eintreten will, hat zuvor zwei Staatsprüfungen zu bestehen und den Nachweis zu erbringen, daß er vorher schon in verantwortlicher Stellung, sei es auf einem Segelschiff oder einem Dampfer, sich die erforderlichen praktischen Kenntnisse erworben hat. In der Gesellschaft selbst muß jeder Officier von unten anfangen und sich durch alle Chargen hindurcharbeiten, ehe er die verantwortliche Stellung des ersten Officiers, ersten Ingenieurs oder Capitains erlangen kann. Diese Regel gilt ohne Ausnahme für alle höheren Angestellten, und alle Schiffsführer der Hamburg-Amerika Linie haben von der Pike auf gedient. Die meisten Capitaine sind Reserve-Officiere in der Kaiserlichen Marine.

Die Mannschaften der Hamburg-Amerika Linie

Nicht weniger sorgfältig als bei der Aufstellung der Officiere verfährt man bei der Auswahl der übrigen Mannschaft. Auch für ihre Anstellung sind gute Führungsatteste unerlässliche Bedingung. Vor der Indienststellung werden sämtliche Leute der Besatzung ärztlich untersucht und auf Farbenblindheit geprüft. Ein besonderes Bureau ist für die Controle der Mannschaft, Prüfung der Zeugnisse etc. errichtet, wo Führungslisten über jeden Mann, der bei der Gesellschaft in Dienst steht, geführt werden. Durch diese sorgfältige Auswahl ist es ermöglicht, ein in jeder Beziehung tüchtiges und auch den höchsten Anforderungen gewachsenes Personal heranzuziehen.[9]

Aus zwei Günden haben wir diesen neuen Schiffen hier so breiten Raum eingeräumt. Erstens natürlich wegen ihres bereits erwähnten revolutionären Status als stählerne Doppelschraubenschnelldampfer mit einmaligem Sicherheitsstandard. Zweitens vereinten diese Schiffe alles, was den Passagieren als Ergebnis einer sechzigjährigen Entwicklung um 1890 an Service und luxuriösen Einrichtungen geboten werden konnten. Diese Bestandsaufnahme gibt dem Leser den Maßstab, um die atemberaubende Entwicklung des luxuriösen Reisens zur See zu bewerten, an deren Anfang diese Schiffe standen.

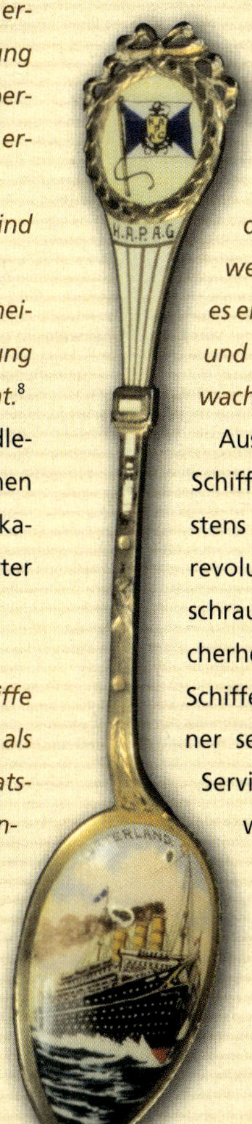

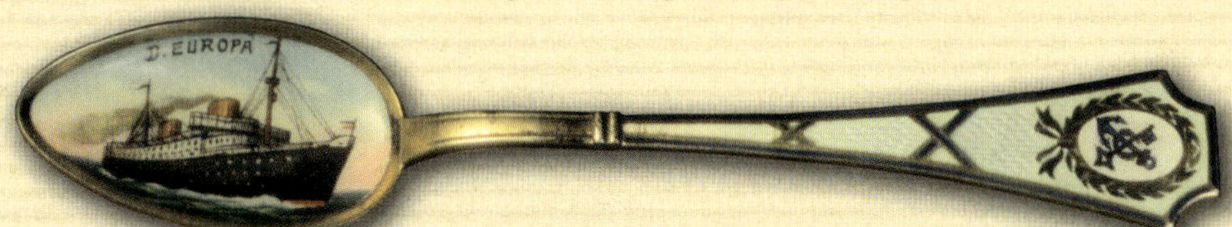

(Sammlung G. Dämmrich)

Solche Souvenirlöffel wurden jahrzehntelang auf Passagierdampfern angeboten.

8 Post- und Schnelldampfer-Dienst. Hapag-Prospekt. Hamburg 1892. Seite 13-15.

9 Hamburg-Amerika Linie (Hrsg.): Der Reise-Begleiter für Ocean-Reisende. Hamburg 1896. Seite 5f.

Die Offiziere, oben, und die Decksmannschaft, unten, der AUGUSTA VICTORIA im Jahre 1891. (Foto Strumper & Co. Deutsches Schiffahrtsmuseum)

Die von Johann G. Poppe zwischen 1880 und 1907 entworfenen Passagiereinrichtungen galten als das non plus ultra auf den Meeren. Schon die Innenansichten auf den Seiten 22-23 belegen das eindrucksvoll, trotz kleiner, werbewirksamer Mogeleien des Zeichners bei der Raumhöhe; dieses Bild beweist es einmal mehr.

Unter der Cupola des Lichtschachts der AUGUSTA VICTORIA der Damensalon, von dem man über das Geländer im Vordergrund in den Großen Salon hinabblickt. *(Aus zeitgen. Prospekt)*

Solche sich über die Höhe von drei Decks erhebenden Lichtschächte wie hier auf dem 19 360 BRT großen Lloyd-Schnelldampfer KRONPRINZESSIN CECILIE von 1907 versinnbildlichten den Luxus zur See am Beginn des 20. Jahrhunderts.
(Zeichnerische Rekonstruktion von Dr. Rico Reinle)

II. 1897 bis 1925

Der Luxus erobert die Meere

Wo wird der menschliche Genius Halt machen, was wird er nicht noch erreichen, bevor die Erschöpfung der Steinkohlenlager dieser Erde der Weiterentwicklung der Technik ein Ziel setzen wird? Oder wird auch für Kohle ein Surrogat gefunden werden?

Paul R. Krause
in »Imperator auf See«, 1913.

Zum Ende des 19. Jahrhunderts standen zwei Nationen an der Spitze des internationalen Fortschritts. Neben dem viktorianischen Zeitalter des seit zwei Jahrhunderten meerbeherrschenden Weltreichs Großbritannien etablierte sich die wilhelminische Zeit in Gestalt der erst seit knapp drei Jahrzehnten geeinten Kontinentalmacht Deutschland. Beim Stapellauf des Linienschiffs KAISER KARL DER GROSSE auf der Hamburger Werft Blohm & Voß hatte Kaiser Wilhelm II. das deutsche Selbstverständnis formuliert: *Stolz auf seine Größe, bewußt seines inneren Wertes, einen jeden fremden Staat in seiner Entwicklung achtend, die Opfer, die seine Weltmachtstellung von ihm verlangt, mit Freuden bringend, dem Parteigeist entsagend, einheitlich geschlossen hinter seinen Fürsten und seinem Kaiser stehend, so wird unser deutsches Volk auch den Hansestädten ihr grosses Werk zum Wohle unseres Vaterlandes fördern helfen.*[10] Daß Wilhelm II. am selben Tag, dem Anlaß des Festaktes entsprechend, auch den Gedanken *Bitter not ist uns eine starke deutsche Flotte* aussprach, war keineswegs, wie später geschehen, als chauvinistisch zu interpretieren. Wilhelm ging es eher um die friedliche Vision jener auf dem Wasser liegenden *herrlichen Zeiten,* denen er die Deutschen entgegenführen wollte, was er am 18. Juni 1901 so ausdrückte: *Je mehr Deutsche auf das Wasser herauskommen, sei es im Wettstreit des Segelsports, sei es auf der Reise über den Ozean oder im Dienste der Kriegsflotte, desto besser ist es für uns, denn hat der Deutsche erst einmal gelernt, seinen Blick auf das Grosse, Weite zu richten, so verschwindet das Kleinliche, das dem täglichen Leben hin und wieder anhaftet.*[11]

Mit einem geradezu sensationellen Paukenschlag hatten die Deutschen 1897 die bisherige Rangordnung in der prestigeträchtigen Nordatlantikfahrt auf den Kopf gestellt. Zum ersten Mal hatten eine deutsche Werft und eine deutsche Reederei sämtliche damaligen Superlative der internationalen Passagierschiffahrt übertroffen. Die Stettiner Vulcan-Werft lieferte mit der 14 349 BRT großen und 23 Knoten schnellen KAISER WILHELM DER GROSSE das größte und komfortabelste Schiff der Welt an den Norddeutschen Lloyd, das sich mit dem Gewinn des Blauen Bandes bald auch als das schnellste erweisen sollte. Damals bahnte sich der grandiose Wettbewerb zwischen den deutschen und den britischen Spitzenreedereien und -werften an, dem sich bald andere Länder anschlossen und der die Welt über Jahrzehnte in Atem halten sollte! In jenen Jahren einer zu beiden Seiten des Atlantiks prosperierenden Welt bildeten die großen Passagierschiffe einen Mittelpunkt des Weltinteresses. Die Ozeanriesen waren Repräsentanten nicht nur ihrer Reederei, sondern ihrer Nation.

Superliner – ein Wort, das man nicht steigern kann und das dennoch eine Vielzahl höchst unterschiedlicher Schiffe umfaßt. In der internationalen Literatur ist man keineswegs einer Meinung darüber, welches Schiff man als Erstes so bezeichnen sollte. Meistens werden die 30 000-Tonner der Cunard Line von 1907, LUSITANIA und MAURETANIA, als erste Superliner genannt, wofür sich durchaus Gründe anführen lassen. Ebensogut könnte man auch der uns schon bekannten CITY OF PARIS diese Ehre zuerkennen. Daß hier die KAISER WILHELM DER GROSSE in den Rang des ersten Superliners erhoben wird, scheint mir entwicklungsgeschichtlich mehr als überzeugend zu sein. Wir haben im vorigen Kapitel die

10 Hamburger Kaisersprüche. Aus Hamburger Reden S.M. Kaiser Wilhelm II. In: Taschen-Kalender der Hamburg-Amerika Linie 1903, Seite 14f.

11 Wie vorige Anm.

Schnelldampfer KAISER WILHELM DER GROSSE des Norddeutschen Lloyd.

stählernen Zweischraubenschnelldampfer als Vorreiter einer neuen Zeit kennengelernt. Ihre Pionierrolle veranlaßte die durch sie entthronte Cunard Line zum Bau der Schwesterschiffe CAMPANIA und LUCANIA, die wiederum jenen Vorreitern in jeder Beziehung überlegen waren; auch sie könnte man die ersten Superliner nennen. Mit KAISER WILHELM DER GROSSE allerdings war zum ersten Mal das größte, schnellste und komfortabelste Schiff nicht in Großbritannien gebaut worden! Mit diesem maritimen Superlativ hatte sich Deutschland auch technisch von seinem britischen Lehrmeister emanzipiert, und es hatte dies ganz bewußt und mit diesem Ziel getan. KAISER WILHELM DER GROSSE und seine ähnlichen Schwesterschiffe DEUTSCHLAND, KRONPRINZ WILHELM, KAISER WILHELM II und KRONPRINZESSIN CECILIE blieben ein Jahrzehnt lang – von 1897 bis 1907 – die schnellsten Passagierschiffe der Welt. Genau diese zehn Jahre brauchten die britischen Ingenieure, ehe sie 1907 mit LUSITANIA und MAURETANIA endlich den Deutschen Paroli bieten konnten! Allein die Tatsache dieses über zehn Jahre gehaltenen technischen Vorsprungs weist die deutschen Vierschornsteiner als die ersten Superliner aus.

Ebenfalls 1897 hatte der Norddeutsche Lloyd für seine Reichspostdampfer-Linien nach Asien und Australien die ersten Dampfer der legendären BARBAROSSA-Klasse in Dienst gestellt. Diese 10 000-Tonner waren auf jenen Routen damals international die größten und komfortabelsten Schiffe, deren Einrichtungen den Reisenden durchaus die nachstehend geschilderten Gefühle vermittelten: *Unter allen Arten des Reisens giebt es keine, welche sich an Reiz mit einer Seereise vergleichen liesse. Der gewaltige Eindruck des unendlichen Oceans weitet die Anschauungen, erhöht die Empfänglichkeit und erweckt in jedem Reisenden von vornherein das*

Schlafraum mit Durchblick ins Bad einer Luxus-Außenkabine des Reichspostdampfers KÖNIG ALBERT der BARBAROSSA-Klasse. Bettgestelle aus Messing galten damals als edel und vornehm. (Altonaer Museum)

Der Rauchsalon auf KAISER WILHELM DER GROSSE.

Gefühl einer Art von Überlegenheit über den Landreisenden. Die völlige Fremdartigkeit der Umgebung steigert sein Interesse an jeder Kleinigkeit, die sich im Schiffsdienste vor seinen Augen abspielt. Was man auf Landreisen mühsam erstrebt, nämlich eine Art des Reisens zu finden, geeignet zum Ausruhen, geeignet die in der hastenden Gegenwart verbrauchten Kräfte zu erneuern, das alles vereinigt die Seereise ohne jede Mühe in sich selbst. Vom ersten Augenblick des Aufenthalts auf dem Schiffe an ist mit der völligen Ruhe eine stete Anregung geboten und der Komfort der Umgebung im Verein mit dem Gefühl der absoluten Freiheit und vollen Behaglichkeit schafft dem Reisenden Genüsse, wie sie sich nirgendwo so unmittelbar beieinander finden.[12]

12 Die Doppelschraubendampfer der BARBAROSSA-Klasse. NDL, Bremen 1898. S. 2.

Auf langen Seereisen machte allerdings ein ungelöstes Problem den damaligen Reisenden oft zu schaffen: die Klimatisierung der Kabinen und Gesellschaftsräume. Klimaanlagen auf Schiffen gab es noch nicht. Auf den relativ kurzen Nordatlantikreisen spielte dieses Frischluftproblem allenfalls im Hochsommer eine Rolle. Anders sah es auf den längeren Reisen aus, besonders wenn diese auch noch in tropische Regionen führten.

Um ihren Passagieren die Vorbereitung von Reisen in tropische Gebiete zu erleichtern, fanden sich in entsprechenden Prospekten der Schiffahrtsgesellschaften kleine Ratgeberkapitel, wie in einer Lloyd-Broschüre von 1911:

Ratgeber für die Tropen

Die Bekleidungsfrage spielt natürlich für den Reisenden eine ganz besondere Rolle. Vor allem muss daran erinnert werden, dass auch europäische Kleidung je nach der Jahreszeit und Gegend gelegentlich verwandt werden kann. Zwar sind die meisten Gegenstände für tropische Bedürfnisse ungeeignet, aber es können doch immer Verhältnisse eintreten, wo man einige sehr gut verwenden kann. So kann z.B. in Australien und Nordasien die europäische Kleidung zu jeder Jahreszeit getragen werden, und selbst in den Tropen wird man in den höheren Regionen ein warmes Kleidungsstück nicht verschmähen. In einigen Gegenden schreibt die Etikette sogar den Gehrock oder den Frack für offizielle Besuche vor, doch muß in dieser Beziehung dem Einzelnen die Auswahl, seinen Bedürfnissen entsprechend, selbst überlassen werden. Für die eigentlichen Tropen ist für Herren eine Ausrüstung mit leichter Waschkleidung nötig, d.h. eine Anzahl weisser oder grauer Leinen- oder Baumwoll-Anzüge, die nur aus Rock und Beinkleid zu bestehen haben. Die sogenannten »patrol coats«, welche das Tragen der unzweckmäßigen gestärkten Kragen überflüssig machen, sind im fernen Osten sehr beliebt und überall erhältlich. Damen sollten bei der Auswahl ihrer Garderobe auf Einfachheit und Leichtigkeit achten, da die Hitze ein fortwährendes Waschen der Kleider erfordert und zarte Fabrikate, besonders Spitzen, von den rauhen Fäusten eingeborener Wäscher nicht gerade besonders geschont werden.

Obgleich ein gewisser Teil der tropischen Ausrüstung von Europa mitgebracht werden muß, ist es doch ganz unnötig, sich schon zu Hause so manches Stück aufzubürden, das man ebensogut in einem der Anlaufhäfen kauft, wo chinesische und indische Schneider in kürzester Zeit und zu erstaunlich niedrigen Preisen den Reisenden mit allem Nötigen ausrüsten. Sehr gute Dienste tut Tschifu-Seide, die man in Shanghai und Hongkong am besten erhält. Die Fussbekleidung sollte man, wenn möglich, nicht erst im Osten kaufen, da die Handwerker in dieser Beziehung weit unter dem europäischen Durchschnitt stehen. Die für die Tropen geeignetsten Schuhe sind solche aus weissem Segeltuch mit Ledersohlen.

Die meisten anderen Reiserequisiten sind in den Haupthäfen überall erhältlich, doch werden Photographen gut tun, sich einen besonderen Vorrat luftdicht verschlossener Films in Zinnbüchsen mitzunehmen, da oft keine erhältlich sind, wenn man ihrer am dringendsten bedarf.

Zwischen Europa und Asien oder Australien zum Beispiel konnte die Fahrt durch den Indischen Ozean in den Pazifik zu einer wahren Tortur werden, wenn nämlich die Sonne wochenlang den stählernen Schiffsrumpf erwärmte und die Temperaturen im Schiff Tag um Tag anstiegen. *Being now fairly in the tropics, everyone feels the intense heat ... Everything and everybody look(s) hot, and the chief desire of everyone at the present time, is to get and to keep cool.*[13] Dieser Stoßseufzer in der 1865 von den Passagieren der 3 270 BRT großen GREAT BRITAIN auf der Reise von Melbourne nach Liverpool herausgegebenen Bordzeitung gibt die quälende Situation wieder. Da konnte auch die beste Ventilation nur noch warme Luft bewegen. Erfahrene Passagiere achteten deshalb bei der Buchung einer solchen Reise penibel auf die Lage ihrer Kabine. Bei der Ausreise von London nach Sydney kam überhaupt nur eine Backbordkabine in Frage, die sich auf dieser Strecke immer an der Schattenseite befinden würde, während an Steuerbord von morgens bis abends die Sonne auf die Bordwand prallte. Auf der Heimreise wählte man dementsprechend eine Steuerbordkabine, um der Sonnenhitze zu entgehen. In Londoner Reisebüros konnte man die Reise nach Sydney und zurück mit dem Zusatz »Posh« buchen, was Port out, starboard home bedeutet, einem jener großartigen britischen Einsilben-Begriffe, für deren Übersetzung ins Deutsche man ganze Satzkonstruktionen bemühen müßte.

Das Problem des sich aufheizenden Schiffsrumpfes war also bekannt, und um Lösungen wurde fast fieberhaft gerungen, wie folgender Situationsbericht aus den 1890er Jahren zeigt: *Trotz unausgesetzter Bemühungen ist es noch immer nicht gelungen, für alle Räume der Dampfschiffe, vorzüglich für die bewohnten, eine Ventilation zu schaffen, die bei jedem Wetter die Luft darin vollständig rein erhält. Außer den Öffnungen im Deck, als: Deckfenstern (Oberlichte), Luken und Kappen, dienen dazu die Seitenfenster und die Ventilatoren, welch letztere mittels Rohrleitungen ununterbrochen Luftwechsel in den unteren Räumen bewirken sollen. ... Um nun selbst bei ganz gutem (Anm. Verf.: gemeint ist schlechtem!) Wetter durch niedrig liegende Oeffnungen in den Schiffsseiten Luft in das Innere hineinlassen zu können, werden neuerdings Fenster mit integrierten Utley-Ventilatoren eingebaut, das sind Frischluftöffnungen, die sich automatisch verschließen, solange sie von einer Welle überspült werden.*[14]

Solche rein mechanischen Lösungen reichten auf größeren Schiffen nicht mehr aus. Erst mit dem zunehmenden Einsatz der Elektrizität konnte man die Sicherheit und die Bequemlichkeit an Bord stetig verbessern. Wie weit man zehn Jahre nach dem gerade zitierten Bericht gekommen war, kann man der folgenden Schilderung entnehmen: *Wohl nirgends ist die Elektrizität so heimisch geworden wie an Bord unserer Überseedampfer. Der neue Post-, Passagier- und Frachtdampfer Blücher der H.A.L. liefert wieder einen Beweis dafür. Zur Erzeugung der elektrischen Energie sind drei Dampfdynamos vorhanden, von denen zwei im Hauptmaschinenraum, der dritte sowie die Verteilungsschalttafel aber im Zwischendeck untergebracht sind, um auch bei Überflutung der Maschinenräume, z.B. bei Kollisionen, noch einigermaßen die Beleuch-*

13 The „Great Britain" Times. 2. Dezember 1865

14 Haack, R., und C. Busley: Die technische Entwicklung des Norddeutschen Lloyds und der Hamburg-Amerikanischen Paketfahrt-Aktiengesellschaft. (sic) Berlin 1893. Seite 45.

tung, die sämtliche Innenräume, Decks, Top- und Positionslampen umfasst, erhalten zu können. Für die Notbeleuchtung ist eine besondere Leitung gelegt, von der die dunkel liegenden Räume, ferner einige Lampen der Gänge und Salons während der zum Reinigen vorgesehenen Nachtzeit und endlich die wichtigsten Plätze im Falle einer Kollision gespeist werden.

Die Salons, Passagier- und Offizierskabinen erhalten durch elektrische Ventilatoren eine angenehme Luftzirkulation, die in der heissen Jahreszeit und besonders in den Tropen sehr wohltätig empfunden wird. Man ist aber noch weiter in der Vorsorge für die Bequemlichkeit der Passagiere gegangen. In jeder Damenkajüte ist ein elektrisch geheizter Wärmer angebracht, der, ohne lästige Hitze auszustrahlen, der Brennschere die nötige Wärme giebt. Der Bordfriseur verfügt über einen elektrisch geheizten Warmwasserbehälter, in dem die Temperatur gleichmäßig erhalten wird. In vollkommenerer Ausführung als in einem Hotel ist jede Kabine, jeder Tisch der Salons, überhaupt jeder Aufenthaltsort der Passagiere durch elektrische Klingeln mit den einzelnen Pantries etc. verbunden, und sofort wenn man kaum auf den elektrischen Knopf gedrückt hat, erscheint auch der dienstbare Geist.

In der heutigen Zeit des Sports würden viele Passagiere während der Überfahrtszeit die Entbehrung körperlicher Übungen schmerzlich empfinden; man hat daher auf dem Brückendeck durch Elektromotore angetriebene Zander-Apparate aufgestellt. Jeder kann hier nach Belieben reiten, rudern, turnen usw., das heisst die einzelnen Vorrichtungen benutzen, welche die Bewegungen bei den verschiedenen sportlichen Tätigkeiten genau nachahmen. Auch Kranke brauchen ihre Kur nicht zu unterbrechen, sofern sich die Elektrizität bei dem Heilsystem betätigt.

Zur Ventilation des Werkstätten- sowie des Eismaschinenraums, in welchem das zur Kühlung des Proviants erforderliche Eis auf künstlichem Wege erzeugt wird, sind drei Ventilatoren aufgestellt, die gleichfalls elektromotorisch angetrieben werden. Und selbst die Teigmaschine der Bäckerei erhält ihre Kraft durch Elektrizität. Die mit Maschinenstrom gespeiste Feuermeldeanlage ist von 15 Stellen aus in Funktion zu setzen und giebt im Kartenhaus sofort den Ort des Alarms an. Die Kommandobrücke ist mit dem Dampfsteuerraum durch ein laut tönendes Mikrophon verbunden. Der schrille Pfiff der Dampfpfeife ist auf die Wirkung eines Elektromagneten zurückzuführen, und ein mit einem Uhrwerk verbundener Apparat lässt dieses weithin schallende Signal bei Nebel in den gesetzlichen Zwischenräumen selbsttätig ertönen. Hierdurch ist der Besatzung eine in solchen für die Seefahrt gefährlichen Stunden wichtige Arbeit abgenommen. Alle diese Einrichtungen der elektrischen Technik sind von der Hanseatischen Elektrizitäts-Gesellschaft Siemens & Halske besorgt worden.[15]

Die Elektrizität war auch Voraussetzung für weitere Fortschritte. Die erst 1899 erstmals versuchsweise auf einem Passagierschiff, der schon erwähnten amerikanischen ST. PAUL, installierte Funktelegraphie war in kürzester Zeit zu einem nicht mehr wegzudenkenden Sicherheits- und Kommunikationsfaktor geworden. 1905 konnten Passagiere an Bord der großen Ozeandampfer bereits Telegramme versenden:

Der Marconi-Depeschenverkehr auf hoher See.

Jede Station besteht aus 2 Abteilungen, deren eine dem allgemeinen Telegrammverkehr dient, während die andere die täglichen Nachrichten vermittelt, welche zu ganz bestimmten Zeiten von den beiden großen Land-Marconistationen zu Poldhu an der englischen und Cape Cod an der amerikanischen Küste aufgegeben und an jeder Stelle des atlantischen Ozeans von der betreffenden Station an Bord aufgenommen werden. Die Stationen für den wechselseitigen Verkehr sind nur für eine Reichweite von ca. 200 km eingerichtet; doch pflegen ihnen Verbindungen auf größere Entfernungen dadurch gesichert zu sein, daß gewöhnlich irgendeiner der vielen nordatlantischen Dampfer, die mit Marconistationen, sich im Verbindungsbereich befindet. Man kann auf diese Weise täglich Telegramme aufgeben und empfangen. Die Grundtaxe für ein Marconitelegramm von 12 Wörtern beträgt 6 Mark, jedes weitere Wort kostet 50 Pfennig mehr. Die für die Passagiere an

15 Taschen-Kalender der Hamburg-Amerika Linie 1903, Seite 49ff.

Um 1900 gewann der Jugendstil auch in der maritimen Kunst Einfluß, hier eine Darstellung des Schnelldampfers DEUTSCHLAND der Hapag, 16 501 BRT, 1900 erbaut, vor Cuxhaven. (Hapag-Lloyd)

Auch der Lichtschacht über dem Speisesaal der DEUTSCHLAND ist im Jugendstil dekoriert. (Zeitgen. Postkarte)

Bord bestimmten Telegramme von Poldhu oder Cape Cod werden mit 2 Mark pro Wort berechnet.[16]

Wenig später ermöglichte die Funktechnik eine weitere bis dahin unbekannte Dienstleistung für die Fahrgäste:

Die ersten an Bord deutscher Ozeanschiffe gedruckten Tageszeitungen. Zwei tägliche Bordzeitungen – unter dem Namen Atlantisches Tageblatt (in deutscher Sprache) und Atlantic Daily News (in englischer Sprache) – werden seit November 1905 an Bord von Dampfern der Hamburg-Amerika Linie herausgegeben. Diese Tageszeitungen sind dadurch möglich geworden, daß die Hamburg-Amerika Linie mit der Compagnie de Télégraphie sons fil in Brüssel ein Abkommen getroffen hat, wonach den betreffenden Dampfern täglich Nachrichten durch Funkspruch übermittelt werden. Außer diesen neuesten Depeschen von der Weltbühne, die den Passagier also während der ganzen Seereise über alle politischen, wirtschaftlichen, gesellschaftlichen, künstlerischen, sportlichen etc. Vorgänge der Alten und Neuen Welt auf dem Laufenden halten, bringen die Zeitungen einen quasi lokalen Teil, der die bemerkenswerten Geschehnisse und Ankündigungen aus den Kreisen der Passagiere und Schiffsbesatzung registriert, ein unterhaltendes Feuilleton, in dem ausschließlich Originalbeiträge bekannter Schriftsteller veröffentlicht werden, und einen Annonceteil, der dem reisenden Publikum für den Aufenthalt in fremdem Lande nützliche Fingerzeige zu geben vermag.[17]

Angesichts solcher Möglichkeiten und Fortschritte gab es bald kaum noch Vorbehalte gegen eine Seereise, und tatsächlich stieg die Zahl der Überseereisenden von Jahr zu Jahr. Was den Fahrgast an Bord erwartete und was andererseits die Reederei von ihm erwartete, war allerdings nicht überall gleich. Werfen wir doch kurz einen Blick in ein Handbuch für die Passagiere der britischen Union-Castle Line aus dem Jahr 1907, deren Schiffe im Liniendienst England – Afrika fuhren:

Die Union-Castle Line ist wegen ihrer vorzüglichen und reichhaltigen Küche bekannt. Die Schiffe sind mit Kühlräumen für frisches Fleisch, frische Fische, Früchte, Gemüse etc. versehen und sind mit einem reichlichen Vorrat an Eis für die ganze Reise ausgerüstet. Frischer Vorrat wird auch auf den ... Aus- und Heimreisen beschafft. Die Kombüsen und Anrichträume sind mit allen Verbesserungen der Neuzeit ausgestattet.

Einteilung für Passagiere erster Klasse
Tee, Kaffee, etc. in den Kabinen verabreicht
6 Uhr Morgens.
Signal zum Ankleiden 8 Uhr Morgens.
Frühstück für Kinder 8 Uhr Morgens.
Frühstück im Salon um 8 Uhr 30.
Mittagessen für Kinder um 12 Uhr 30 Mittags.
Gabelfrühstück im Salon um 1 Uhr Mittags.
Nachmittags Tee um 4 Uhr Nachmittags.
Tee für Kinder um 5 Uhr 30 Nachmittags.
Signal zum Umkleiden um 6 Uhr Abends.
Diner im Salon um 6.30 Uhr Abends.
Schluß des Salons 10.30 Uhr Abends.
Die Bars in den Rauchzimmern und die
Rauchzimmer selbst werden in der
1. und 2. Klasse um 11 Uhr, in der 3ten.
Klasse um 10 Uhr, und die Lesesalons um
10 ½ Uhr abends geschlossen.

16 Taschen-Kalender der Hamburg-Amerika Linie 1906, Seite 48

17 Taschen-Kalender der Hamburg-Amerika Linie 1906, Seite 72

Heutigen Freestyle – Kreuzfahrern wird dieses *Early to bed and early to rise*-Zeitkorsett ein absoluter Graus sein, zumal man heute nach anderen Rezepten *healthy and wealthy and wise* wird und damals die Reise Southampton – Kapstadt gute drei Wochen dauerte! Am ärmsten scheinen aber die Kinder dran gewesen zu sein, die offenbar gleich nach dem Children's Tea ins Bett mußten.

Konzerte, Maskenbälle, Cricket, Wettspiele, die verschiedensten Sports, etc. etc. werden in der Regel von den Passagieren auf der Reise nach dem Cap veranstaltet; jegliche Erleichterung hierzu wird an Bord geboten.

Stewards und andere Bediente werden nur zur Bedienung gesunder Passagiere gestellt. Passagiere, welche in Folge von Krankheit oder irgend einer anderen Ursache besondere Bequemlichkeit oder unvorhergesehene Bedienung nötig haben, haben entsprechend zu zahlen. Es gehört nicht zu den Pflichten der Stewardess, Kindermädchendienste zu tun.[18]

Seit dem Beginn des 20. Jahrhunderts war die Passagierunterbringung immer komfortabler geworden, und der Prunk der Gesellschaftsräume brauchte den Vergleich mit den Spitzenhotels an Land keineswegs zu scheuen. White Star Line und Hamburg-Amerika Linie hatten sich damals vom kostenträchtigen Wettbewerb um immer schnellere Schiffe verabschiedet und setzten fortan auf einen gehobenen Luxus, den die Fahrgäste auf den ruhig ihre Bahn ziehenden großen Schiffen genießen konnten. Der vermeintliche Nachteil einer um ein bis zwei Tage längeren Überfahrt wurde durch die komfortablen Einrichtungen und den Wegfall der lästigen Vibration auf Schnelldampfern mehr als wettgemacht. Das Konzept von Hapag und White Star ging auf: Wen nicht unaufschiebbare Termine drängten, der genoß diese neue Art des Reisens zur See. Neben den Wettbewerb um das schnellste und größte Schiff trat jetzt – durch die wachsenden Schiffsgrößen noch beschleunigt – das Streben nach immer größerem Komfort für die Reisenden der Ersten Klasse.

18 Union-Castle Line. Handbuch für Passagiere. London 1907. Seite 29, 71ff.

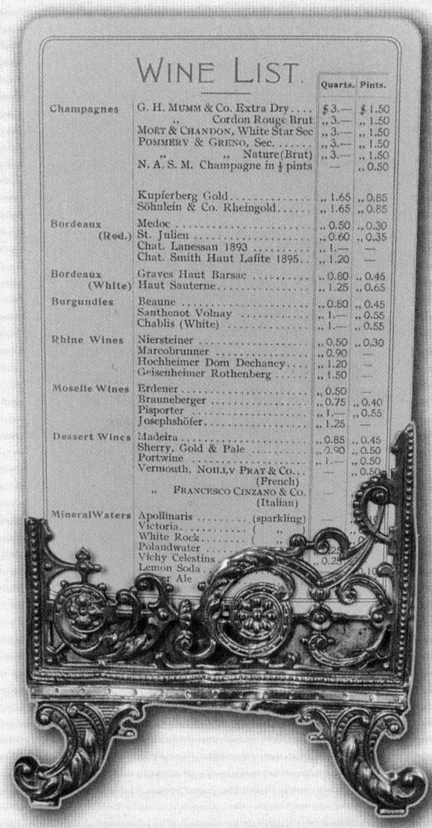

Der gepriesene Luxus fand sich bisher überwiegend in den prächtigen Salons der Schiffe. Wer nicht gerade eine teure Luxuskabine oder gar eine Suite gebucht hatte, wurde in seiner Erster-Klasse-Kabine immer noch an ein Schlafwagenabteil der Eisenbahn erinnert. Für die Fahrgäste der ersten Zweischraubenschnelldampfer um 1890 galt deshalb noch die auf Seite 24 zitierte Empfehlung: *Zur Entfaltung reicher Toiletten ist ein Dampfer nicht der geeignete Ort.* Der Raum in den Standardkabinen reichte dafür einfach nicht aus. Erst mit den seit 1890 sprunghaft anwachsenden Schiffsgrößen wurden hier Verbesserungen möglich. Besonders die erwähnten langsameren Großschiffe boten alle Voraussetzungen dafür, denn deren Maschinenanlagen und Kohlenbunker nahmen nur noch einen Bruchteil des auf den Schnelldampfern dafür benötigten Platzes ein. Den konnte man jetzt in geräumigere Kabinen investieren, deren Kleiderschränke auch jener festlichen Abendgarderobe Raum boten, die man abends in den eleganten Salons als einzig angemessen empfand.

Auf den Superlinern LUSITANIA und MAURETANIA hatte Cunard 1907 zum ersten Mal die endlos langen Tafeln in den Speisesälen durch Einzeltische für zwei bis acht Personen ersetzt. Diese Neuerung war ein so durchschlagender Erfolg, daß alle Spitzenreedereien die Speisesäle ihrer Schiffe schleunigst ebenfalls mit Einzeltischen möblierten. Auf seinem letzten Vierschornsteindampfer, dem 19 000-Tonner KRONPRINZESSIN CECILIE, ließ der Norddeutsche Lloyd 1907 eine ganze Reihe von Luxussuiten von namhaften deutschen Künstlern entwerfen. Auf der 1908 in Dienst gestellten GEORGE WASHINGTON des Lloyd wurden gar sämtliche Gesellschaftsräume in deren neuem Stil ausgestattet. Die Passagiere der Ersten Klasse wurden umworben und verwöhnt wie nie zuvor. Von dieser Entwicklung profitierten sogar die Fahrgäste der unteren Klassen, denn was vor wenigen Jahren noch exklusiv für first class only galt, mutierte mit dem Aufkommen neuer Luxusschiffe zum Standard der Zweiten Klasse.

In einem zeitgenössischen Bericht über *Oceankomfort* hieß es: *Möglichste Erhöhung der Bequemlichkeit und Behaglichkeit zur See – in der Richtung auf dieses Hauptziel haben sich die meisten Veränderungen im Schiffsmaterial der großen deutschen Ozeanreedereien während der letzten Jahrzehnte bewegt. Die Hamburg-Amerika Linie hat bekanntlich in neuerer Zeit sogar den Wettbewerb um die größte Ozeangeschwindigkeit hinter dieses um so nachdrücklicher verfochtene Bestreben zurücktreten lassen. In ihren beiden größten Dampfern Kaiserin Auguste Victoria und Amerika vor allem hat sich die Idee des Ozeankomforts in ihrer bisher vollkommensten Gestalt verwirklicht. Eine früher unbekannte Geräumigkeit der Schiffsgelasse, Kabinen nach Art eleganter Wohnzimmer in Privatvillen, imposante Gesellschafts-, Schreib- und Musikzimmer, Wintergarten, vielsprachige Bibliotheken sind einige der Hauptdarbietungen des neuartigen Komforts dieser Riesenschiffe, deren ruhiger Gang auch bei stürmischer See die Vorzüge solcher Einrichtungen gleichmäßig genießen läßt. Lift und Telefon erleichtern die Raumüberwindung auf acht mächtigen Decks. Eine Marconistation ermöglicht den Depeschenverkehr von hoher See mit dem Lande und die Herausgabe täglicher illustrierter Bordzeitungen. Kalte und warme Bäder, ein elektrisches Lichtbad, eine Turnhalle mit sinnvoll konstruierten Geräten für Sportpflege und Massage sorgen im Verein mit der Bordverpflegung für körperliches Wohlbefinden. Wer raffiniertesten Luxus der Tafel liebt, findet in dem Ritz-Carlton-Restaurant der Schiffe die gleiche Küche, Bedienung und Umgebung wie an den Treffpunkten der vornehmen Welt in Berlin, London und Paris. Die Einführung von Fischbassins mit lebendem Inhalt, die den Passagieren auch auf dem Ozean den Genuß von frischen Forellen, Karpfen, Hechten etc. gewährt, ist der neueste Fortschritt der Hamburg-Amerika Linie in der Vervollkommnung des Verpflegungswesens an Bord. Weitere Neuerungen, wie z.B. die Anlage eines Schwimmbades, werden geplant.*

Es ist aber als ein Zeichen unserer fortschreitenden Zeit bemerkenswert, daß sich die geschilderten Bestrebungen keineswegs auf die New Yorker Route allein beschränken, wenn sie auch hier auf der großen Paradestraße in einer Vollkommenheit und Vollständigkeit Gestalt gewonnen haben, die den regelmäßigen Fahrten der Dampfer Kaiserin Auguste Victoria, Amerika, Deutschland, Moltke, Blücher etc. allmählich den Charakter von Vergnügungs- und Erholungsfahrten verliehen hat. Auch auf anderen Verkehrsgebieten der Gesellschaft sind in den letzten Jahren fortlaufend Dampfer in Fahrt gesetzt worden, deren Errichtung das Höchstmaß der auf jenen Strecken zur Verfügung stehenden Reisebequemlichkeit gewähren, so die Dampfer Fürst Bismarck und Kronprinzessin Cecilie in der Westindien- und Mexikofahrt, die prächtigen Dampfer König Friedrich August und König Wilhelm II im La Plata-Dienst, die Schiffe der Rugia-Klasse auf den Brasillinien etc. etc.[19]

Das eben genannte Ritz-Carlton-Restaurant stellte in der Tat eine Revolution in der Bordgastronomie dar. Nach dem Beispiel und unter Mitarbeit dieser damals wohl berühmtesten internationalen Kette von Spitzenrestaurants hatte die Hamburg-Amerika Linie 1905 auf ihrem Luxusdampfer AMERIKA zum ersten Mal einen solchen Gourmettempel auf hoher See eingerichtet. Die anderen Reedereien zogen nach – mußten nachziehen. Der Norddeutsche Lloyd zum Beispiel, der 1907 seinen letzten großen Vierschornsteindampfer KRONPRINZESSIN CECILIE ohne ein solches Restaurant in Dienst gestellt hatte, versuchte das Manko folgendermaßen zu kompensieren: *Wie in einem großstädtischen Restaurant erscheinen die Passagiere innerhalb gewisser Stunden zur Mahlzeit, für die kein einseitig festgesetztes Menü mehr maßgebend ist, sondern lediglich eine äußerst reichhaltige Speisekarte, die es auch dem verwöhntesten Feinschmecker ermöglicht, sich seine Mahlzeit selbst zusammenzustellen, wie es ihm beliebt. Irgendwelche Mehrkosten erwachsen den Passagieren dadurch nicht. Diese Art der Verpflegung hat außerordentlich viel Anerkennung gefunden und ist namentlich von den amerikanischen Passagieren als großer Fortschritt begrüßt worden.*[20] Für das zahlreiche Stammpublikum des Norddeutschen Lloyd stellte diese Reaktion auf das neue Ritz-Carlton der Hapag sicher eine zufriedenstellende Lösung dar, zumal ihm keine Mehrkosten entstanden. Allerdings: Gerade die mehr kostende Exklusivität machte ja die Attraktivität des

19 Taschen-Kalender der Hamburg-Amerika Linie 1908, Seite 27f.

20 Schnellpostdampfer Kronprinzessin Cecilie. NDL-Prospekt. Bremen um 1909.

Die 20 904 BRT große, 1901 gebaute CELTIC der White Star Line an der Landungsbrücke in Liverpool. (Zeitgen. Postkarte)

Ritz-Carlton auf den Hapag-Schiffen aus, die Möglichkeit, sich selbst innerhalb der luxuriösen Ersten Klasse noch mit einer elitären Extrawurst profilieren zu können! Manche – nicht nur Snobs – speisten während der ganzen Reise im kostenpflichtigen Ritz-Carlton; diesen wurden übrigens die im Reisepreis ja enthaltenen Verpflegungskosten der Ersten Klasse erstattet. Nebenbei bemerkt gab es die vom Lloyd erwähnte *äußerst reichhaltige Speisekarte* natürlich längst auch auf der AMERIKA und anderen internationalen Spitzenschiffen.

Der sich auf allen Ozeanen stetig steigernde Luxus brachte jetzt zunehmend zwei Gruppen von Kulturkritikern auf den Plan. Zum einen waren das maritime Traditionalisten und zum anderen die Freunde und Förderer der modernen Kunst. Erstere monierten, daß die Reedereien offenbar bestrebt seien, die Passagiere ihrer modernen Dampfer vergessen zu machen, daß sie sich auf einem Schiff befinden. In England wurde das Schlagwort vom Hotelismus geprägt, einer *modernen Krankheit, die mit der Dampfmaschine aufkam, eine Art von künstlerischer Hydrophobie, die Innenarchitekten moderner Schiffe manisch jeden Hinweis darauf vermeiden läßt, daß ihre Schöpfungen für ein seegehendes Schiff bestimmt sind.*[21] Wie immer man zu diesen Vorwürfen stehen mag, in einem wichtigen Punkt waren sie überzogen: Damals – und noch Jahrzehnte danach – weckten zumindest die Kabinen und darin besonders die Betten stets maritime Assoziationen.

Der zweiten Gruppe von Kritikern, den Freunden und Förderern der sich damals in Deutschland herausbildenden modernen Raumkunst, konnte nicht einfach Purismus vorgeworfen werden. Sie vertraten eine durchaus ernstzunehmende moderne Sachlichkeit, die sie sich auch auf den Schiffen vorstellen konnten und für die sie werbend eintraten. In Generaldirektor Heinrich Wiegand vom Norddeutschen Lloyd fanden sie einen begeisterten Befürworter, der ab 1907, wie erwähnt, große Schiffe von solchen Künstlern einrichten ließ. Durch diesen Erfolg ermuntert, argumentierten die Kunstfreunde dann bisweilen doch ein wenig puristisch, wenn sie nämlich in Kunstzeitschriften oder auch in der Korrespondenz mit Reedereien deren Innenarchitektur als unzeitgemäß kritisierten. So wurde besonders 1912–14 die Hapag wegen der Einrichtung der IMPERATOR-Klasse kritisiert, gegen die auch die oben genannte erste Kritikergruppe Einwände erhob. Die Kunstfreunde übersahen dabei gern, daß ein Spitzen-Passagierschiff, besonders in den damaligen Zeiten des schnellen technischen Fortschritts, kaum eine längere Nutzungsdauer als fünfzehn Jahre erreichte und daß der Reeder deshalb gut daran tat, diese Investitionen in diesen Jahren gewinnbringend zu betreiben. Das erreichte man, indem man dem Zeitgeschmack der Passagiere entsprach, die aber – im Gegensatz zu unseren Kunstfreunden – von den an Bord meist anzutreffenden Imitationen alter Stilrichtungen durchweg begeistert waren. Die weitere Entwicklung zeigte dann übrigens, daß neue Richtungen durchaus auch auf Passagierschiffen durchsetzbar waren, und zwar mittels überzeugender künstlerischer Konzepte anstelle moralisierender Briefe.

Der technische Fortschritt ließ sich noch niemals durch kleinliche oder ängstliche Bedenken aufhalten. Schon gar nicht in jener Zeit, als die entwickelten Kulturnationen fasziniert auf die durch Technik ermöglichten zivilisatorischen Fortschritte blickten, von denen sich die Menschen das am Beginn des 20. Jahrhunderts

21 C.R. Benstead, zit. bei Brinnin: Grand Hotels.

FREDERIK VIII, Det Forenede D.S., 11 650 BRT, Baujahr 1914. Kopenhagen–New York.

verheißene goldene Zeitalter nicht nur erhofften, nein, sie waren sich dessen absolut sicher. Schiffe als die bis heute größten von Menschenhand geschaffenen, beweglichen Objekte waren die glanzvollen Symbole dieses Lebensgefühls. 1907 gewannen die Briten mit den 30 000 Tonnen großen Schnelldampfern LUSITANIA und MAURETANIA die Attribute größtes, schnellstes und luxuriösestes Schiff von den Deutschen zurück – nach zehn langen Jahren. Diese mit massiver staatlicher Hilfe erbauten Giganten der Cunard Line waren außerdem die ersten Übersee-Schnelldampfer, die nicht mehr von Kolbendampfmaschinen, sondern von den leistungsfähigeren und ruhiger laufenden Turbinen angetrieben wurden.

Wie nicht anders zu erwarten, reagierte die Konkurrenz auf der Stelle. Die White Star Line, die inzwischen zur International Mercantile Marine Company des amerikanischen Morgan Trusts gehörte, beschloß den Bau von drei Schwesterschiffen, die mit ihren 45 000 BRT die Größe der neuen Cunard-Liner um die Hälfte übertreffen sollten. Bei der Dienstgeschwindigkeit blieb man allerdings drei Knoten unter den Cunardern und setzte damit die White- Star-Politik konsequent fort: Luxus vor Schnelligkeit. 1911 kam das erste dieser Schiffe in Fahrt, die OLYMPIC. Auch die Hamburg-Amerika Linie, damals die größte Reederei der Welt, zögerte keine Sekunde, die Herausforderung anzunehmen. Sie orderte schließlich ebenfalls drei Riesenschiffe, die sogar über 50 000 BRT groß waren und in der Geschwindigkeit nur knapp hinter LUSITANIA und MAURETANIA zurückblieben. Und noch eine andere Reederei, von der man es nicht unbedingt erwartet hätte, machte jetzt einen ernsthaften Schritt in das Marktsegment der Schnelldampfer: Die staatliche französische Compagnie Générale Transatlantique bestellte in St. Nazaire einen 25 000 Tonnen großen Liner, der 1912 als FRANCE in Fahrt kam. Auch wenn dieses Schiff deutlich hinter denen der drei genannten Reedereien zurückblieb, signalisierte es doch den Anspruch der Grande Nation auf einen Spitzenplatz auch in dieser Disziplin.

Doch zurück zu den Superlativen. Die Hamburg-Amerika Linie faßte die Beweggründe für den Bau ihrer 50 000-Tonnen-Schiffe folgendermaßen zusammen:[22] *Vielfach besteht unter Laien die Meinung, daß derartige*

22 Wie reist man heute über See? Hapag-Broschüre. Magdeburg o.J. (um 1912). Seite 7f.

PRINCIPESSA MAFALDA, Nav. Gen. Italiana, 9 210 BRT, Baujahr 1908. Genua–La Plata.

GELRIA, Kon. Hollandsche Lloyd, 13 868 BRT, Baujahr 1913. Amsterdam–La Plata.

Schiffsgrößen lediglich aus dem Ehrgeiz der großen Reedereien zu erklären seien, einander mit den »größten Schiffen« der Welt äußerlich den Rang abzulaufen. Das ist aber eine irrige Meinung. Gewiß ist es ehrenvoll und zieht die Blicke der ganzen Welt herbei, wenn eine Schiffahrtsgesellschaft die großen Kapitalien aufzuwenden und das Genie des Schiffbaues so zu beflügeln vermag, daß sie ihre Hausflagge über die größten und kostbarsten Schiffe kann wehen lassen, die Passagiere und Güter über die Ozeane tragen. Aber wichtiger und ausschlaggebend sind doch die wirtschaftlichen Gründe. Wenn Handel und Wandel nur lebhaft und umfangreich genug sind, so mächtige Transportgefäße regelmäßig zu füllen, ist ein größeres Schiff immer einträglicher als zwei kleine von gleicher Geschwindigkeit und zusammen gleichem Fassungsraum. Es kommt hinzu, daß mit den Maßen der Schiffe auch die Möglichkeit wächst, den Passagieren die Reise angenehm zu machen. Nicht zufällig sind die größten Dampfer der Hamburg-Amerika Linie zugleich die schönsten und behaglichsten.

Vier Wochen bevor das erste der drei Hapag-Schiffe, die IMPERATOR, im Mai 1912 in Hamburg vom Stapel lief, erschütterte eine unfaßbare Katastrophe den Fortschrittsglauben der Welt. Auf ihrer Jungfernreise von Southampton nach New York war das zweite Riesenschiff der White Star Line, die TITANIC, im Nordatlantik mit einem Eisberg zusammengestoßen und innerhalb von dreieinhalb Stunden gesunken. Von den 2406 Menschen an Bord des unglücklichen Schiffes überlebten nur 703! Die Welt hielt den Atem an, Selbstzweifel mehrten sich. Beim Norddeutschen Lloyd dachte man laut nach: *Es würde uns deshalb nicht wundern, wenn die Auffassung sich bald Bahn bräche, daß wir an der Grenze des Zulässigen angekommen sind, und daß die Rückkehr zu Schiffen mittlerer Größe ungeachtet ihres geringeren Komforts im Interesse der Reedereien wie der Passagiere liegt.*[23] Nur langsam fand die Welt aus ihrem lähmenden Entsetzen zurück in jenes Leben, das ja trotz allem Schrecklichen immer weitergeht und erbarmungslos alle zurückläßt, die sich mit dieser Unabwendbarkeit nicht abfinden können. Die eigentliche Tragödie der TITANIC-Katastrophe liegt ja in ihrer unnötigen Sinnlosigkeit: Dieser Untergang hätte bei Beachtung des damaligen Stands des nautischen und technischen Wissens nicht zu passieren brauchen und deshalb nie passieren dürfen! Nachträglich wurde das schnell erkannt; man beschloß international Sofortmaßnahmen, die einen solchen Unfall künftig unwahrscheinlich machen mußten, und man bereitete eine große internationale Konferenz vor, die schließlich 1929 das Internationale Übereinkommen zum Schutze des menschlichen Lebens auf See (SOLAS) verabschiedete, das – immer wieder auf den neuesten Stand gebracht – noch heute die Sicherheit auf See regelt. Im übrigen ging man wieder zur Tagesordnung über.

In Hamburg lief die 52 117 BRT große IMPERATOR planmäßig vom Stapel und trat im Frühjahr 1913 als größtes Schiff der Welt ihre Jungfernreise an. Ein Jahr später folgte die mit mehr als 54 000 BRT noch einmal größere VATERLAND der Hapag. Deren 56 000 Tonnen

23 Jahrbuch des Norddeutschen Lloyd 1911/12. Bremen. S.159.

Passagierdampfer vor 1914

WIEN, Österreichischer Lloyd, 7 367 BRT, Baujahr 1911. Triest–Ostasien.

MASSILIA, Anchor Line, 5 156 BRT, Baujahr 1902. Glasgow–Bombay.

großes Schwesterschiff BISMARCK lief im Juni 1914 vom Stapel. Die angeschlagene White Star Line ließ ihren noch nicht vom Stapel gelaufenen dritten 45 000-Tonner BRITANNIC nach den neuesten Erkenntnissen umbauen. Beide letztgenannten Schiffe waren bei Kriegsausbruch 1914 noch unvollendet, und somit endete auch jenes Wettrüsten der Superlative, ehe es die gesetzten reedereipolitischen Ziele erreichen konnte.

Wie wir gesehen haben, waren nur White Star und die Hapag in der finanziellen Lage gewesen, auf die Cunardschiffe LUSITANIA und MAURETANIA mit noch größeren Schiffen zu reagieren, und die jüngsten Großbauten von Hapag und White Star lagen auch weiterhin außerhalb der Reichweite anderer Nordatlantik-Reedereien. Der bisher in der ersten Liga angesiedelte Norddeutsche Lloyd mußte sich 1913 damit begnügen, zwei knapp über 30 000 BRT große Schiffe zu bestellen. Einen nur wenig größeren Liner hatte die staatliche französische Compagnie Générale Transatlantique bestellt. Die Holland-Amerika Lijn und die belgische Red Star Line orderten je einen 28 000-Tonner, um den Anschluß an die Großen nicht ganz zu verlieren. Von diesen letztgenannten Neubauten kam allerdings keiner mehr vor dem Kriegsausbruch 1914 in Fahrt. Eines aber hatten alle diese neuen Großschiffe seit der LUSITANIA gemeinsam: Sie waren als Repräsentanten ihrer ambitionierten Reedereien mit ausgesprochen luxuriösen Passagiereinrichtungen ausgestattet; wir werden das noch sehen.

In welch einem atemberaubenden Tempo in den 25 Jahren von 1889 bis 1914 die Schiffsgrößen gewachsen waren, können wir der Tabelle auf Seite 236 entnehmen. Das 54 282 BRT große Vierschrauben-Turbinenschiff VATERLAND von 1914 war fünfmal größer als der 1889 gebaute erste Zweischrauben-Schnelldampfer CITY OF PARIS mit 10 500 BRT. Im gleichen Verhältnis hatten sich die Maschinen und Einrichtungen vervollkommnet. Und was den Wandel bei unserem Thema – dem Luxus – betrifft, da gibt es ein besonders eindrucksvolles Beispiel. Der erste Superliner, KAISER WILHELM DER GROSSE, den wir 1897 als größtes, schnellstes und komfortabelstes Schiff der Welt kennengelernt hatten, beförderte sechzehn Jahre später nur noch Fahrgäste der Dritten Klasse!

Der folgende Bericht von der Indienststellung der VATERLAND illustriert den erreichten Fortschritt sehr eindrucksvoll, besonders, wenn man ihn mit den Aussagen zu den ersten Zweischrauben-Schnelldampfern im Kapitel I vergleicht:

Kabine – das Wort erscheint klein. Die entzückende und geräumige, mit allen hygienischen und behaglichen Erfindungen neuzeitlicher Raumkunst ausgestattete Miniaturwohnung in diesem schwimmenden Wolkenkratzer hat mit der nüchternen, engen Schiffsbehausung, die man gemeiniglich Kabine zu nennen pflegt, eigentlich nichts weiter als die Schlafgelegenheit gemeinsam. Und auch das kaum noch. Denn übereinander angebrachte Kojen gibt es in der ganzen ersten Klasse der »Vaterland« nicht mehr. In weißlackierten, freistehenden Betten pflegt der Gast der Ruhe. Geräumige Schränke und Wäschekommoden aus Mahagoni-, Zedern- oder Eichenholz dienen zur Unterbringung der Kleidungsstücke. Schreibtisch, Toilettentisch und Chaiselongue,

KAISAR-I-HIND, P&O Line, 11 430 BRT, Baujahr 1914. London–Bombay.

OCEANIC, White Star Line, 17 272 BRT, Baujahr 1899. Liverpool–New York.

bequeme Armsessel und Waschtische mit fließendem Wasser und Fayencebecken, mit Spiegel und Glasplatten vervollständigen die Behaglichkeit dieser Reisewohnung, die jedoch nur den einfachen Typ der Kabinen erster Klasse darstellt. Man kann auf der »Vaterland« weit eleganter reisen: wenn man z.B. die Luxuskammern mit Bad wählt; wenn man eins der zwölf Staatszimmer belegt, die Wohn- und Schlafzimmer, Bad, Duschen- und Kofferraum umfassen und mit von Künstlerhand entworfenem Mobiliar besonders anheimelnd eingerichtet sind; oder wenn man schließlich die lichtgetäfelten Kaiserzimmer bezieht, die an Luxus und Zweckmäßigkeit das Beste umschließen, was eine schwimmende Behausung überhaupt zu bieten vermag. Nur die schönsten Hotelwohnungen auf dem Festlande könne sich mit solcher geschlossenen Zimmerflucht des Riesendampfers messen, denn zu der feinfarbigen Eleganz ihrer Salons, Frühstücks- und Schlafräume verfügt diese Seewohnung als entzückende Beigabe noch über die Annehmlichkeit einer mit Blumen geschmückten Veranda, deren breite Fenster nicht etwa auf ein Promenadendeck, sondern direkt auf die offene See gehen, so daß sich der Reisende in diesem Privatwintergarten, fern vom Getriebe des übrigen Passagierverkehrs, tagelang der wunderlich-poetischen Stimmung hingeben kann, mitten auf dem Ozean, umgeben von dem höchsten Luxus eines komplizierten Hotelbetriebes mit seiner Familie völlig allein zu sein. Der Gedanke birgt entschieden verträumte Reize, die auch auf den Erholungsbedürftigen ihre Wirkung nicht verfehlen dürften.

Ob aber der also freiwillig Isolierte den Lockungen des Bordlebens auf die Dauer widerstehen wird? Allzu verführerisch wirken die gedruckten Einladungen zu Bällen und Konzerten im großen Festsaal, zu kleinen Gastereien mit Freunden im Ritz-Restaurant. Am meisten Augenweide freilich bietet sich wohl dem Schaulustigen in dem in weiß-goldenen Farbenharmonien gehaltenen Riesenspeisesaal des Schiffes, unter dessen fröhlich-geselligen figürlichen Malereien, die das imposante Medaillon einer von ionischen Säulen getragenen Decke gefällig beleben, für mehr als 670 Gedecke Raum geschaffen wurde. Man speist in diesem hohen Schiffssaal an kleinen runden und eckigen Tischen, während durch die hohen, architektonisch wirkungsvoll gegliederten Fenster breite Ströme goldenen Tageslichts hereinfließen oder viele Hunderte von Glasbirnen eine Fülle elektrischer Strahlen über allen verwirrenden Glanz der tafelnden Gesellschaft verstreuen. Und wenn das Essen vorüber ist, eilt alles den Aufzügen zu, um in den oberen Gesellschaftssälen ans fröhliche Ende der Unterhaltung den fröhlichen Anfang neu zu knüpfen.

Der verwöhnte Ozeanreisende kennt bereits seit Jahren auf See ein elegantes Gesellschaftsleben. Es wurde ihm unentbehrlich, und heute beansprucht er ohne weiteres die dazu erforderlichen Räumlichkeiten, ohne sich über den dabei entfalteten Luxus irgendwie zu wundern. Diesmal aber erwartet ihn eine Schöpfung, die selbst ihm, dem Vielverwöhnten, zum Mindesten ein Wort der Überraschung abnötigen wird. Die Verteilung der Kesselschächte ist nämlich auf diesem Ozeanpalast neuartig angeordnet; während bisher bei allen Schiffen

die Rauchfänge der Kessel mittschiffs hochgingen, sind sie hier seitlich hochgeführt und vereinigen sich erst über dem höchsten Deck zu einem einzigen, mächtigen Schacht, auf dem der Schornstein sitzt. Auf diese Weise wird dem entzückten Blick eine Flucht großartigster Gesellschaftsräume ungehindert freigelassen.

Wir sitzen im Ritz-Carlton-Restaurant. Dieser bis an die Decke mit Mahagoniholz und Nußbaumeinlagen getäfelte ovale Raum darf man mit seinen Bronzegirlanden, den vielarmigen Wandleuchtern, den anmutigen Deckenmalereien und seiner ganzen harmonisch abgetönten Farbenstimmung wohl als eine der stil- und formfeinsten Sehenswürdigkeiten der »Vaterland« angesprochen werden. Eine leise schwingende Melodie klingt aus der Nische der Künstlerkapelle, und über blumengefüllte Kristallvasen schweift der Blick über den anstoßenden, um einige Stufen tiefer gelegten Wintergarten mit seiner lichtdurchtränkten, gärtnerischen Schönheit, gleitet durch eine monumentale Tür über einen weiten Vorplatz und dann, vorbei an dem prachtvollen Schmiedegitterwerk der mächtigen Hallentür, bis zur Konzertbühne der großen, mit Oberlicht versehenen Halle, in der die Stewards eben die schweren, weinroten Polstersessel beiseite schieben, um den Passagieren auf dem blanken Parkettspiegel einen regelrechten Ball zu ermöglichen. An die Halle gliedert sich dann noch die lauschige Bibliothek an, deren Einrichtung kostbare Gemälde und dunkle Lederpolster sehr anheimelnd gestalten. Kein Havannawölkchen wird sich in diese Symphonie von Weiß und Rohr hineinverirren, denn das in Eiche hellgetäfelte Rauchzimmer in flämischer Bauart befindet sich genau darüber; andererseits mag es häufig geschehen, daß sich hier oben seidenbeschuhte Füße der Traulichkeit des knisternden Kaminfeuers nähern und zierliche Gestalten mit schimmerndem Nacken in den schweren Ledersesseln altflämischer Behäbigkeit fast versinken. Für das Lesebedürfnis der Fahrgäste sorgt eine aus Tausenden von Bänden bestehende, sorgfältig ausgewählte Bordbibliothek, die in breiten, mit Glastüren versehenen Schränken Aufstellung gefunden hat.

Aber nicht nur dem Müßiggang, auch der Betätigung und Bewegung der Passagiere wird auf diesem neuesten Dampfer weitgehend Rechnung getragen. Ist es schon an sich ein Vergnügen, durch hohe, luft- und lichtreiche, bildbeschmückte Treppenhäuser, über bequeme Stufen und geräumige, mittschiffs gelegene Korridore an Deck zu gelangen, so gewährt doch ein Morgenspaziergang auf dem herrlichen, zum Teil durch Schiebefenster gegen Wind geschützten Promenadendeck in staubfreier Seeluft die köstlichste Erfrischung. Noch rationellere Bewegung gestatten die zahlreichen Zander-Apparate in den Turnhallen, die gleichzeitig sämtliche Geräte für einfache Turnübungen enthalten. Unter den mannigfachen übrigen Annehmlichkeiten, die dem Fahrgast auf der »Vaterland« zur Verfügung stehen, sei nur noch die Dunkelkammer für photographische Zwecke hervorgehoben. Etwaiger Galanterie des Einzelnen wird durch Verkaufsläden mit frischen Blumen und Süßigkeiten aller Art weder Maß noch Ziel gesetzt.

Daneben wendet sich des Fahrgasts Interesse in hervorragendem Maße den Einrichtungen der Hygiene zu. Ein Schiff von den Dimensionen einer »Vaterland« kann damit naturgemäß in bedeutenderem Umfange ausgerüstet sein als ein Fahrzeug geringeren Raumgehalts. Beinahe als etwas Selbstverständliches erscheint hier die große Zahl öffentlicher Bäder, die Menge der den Einzelwohnungen beigeordneten Privatbäder und Duschen. Besondere Anziehungskraft dürfte aber auf der »Vaterland« das in gleicher Höhe mit dem Speisesaal gelegene Riesenschwimmbad ausüben, das, gleichsam ein Steingemälde in Blau-Weiß-Gold, mit seinen mächtigen Säulen, mit graziösen pompejanischen Fresken und Marmorbänken dem Passagier mitten auf hoher See die Wohltat eines sprudelnden Salzwasserbades ermöglicht. Eine der-

artige Schwimmbadanlage, die drei Deckshöhen beansprucht, läßt sich natürlich nur auf Dampfern allergrößten Stils einrichten. Das Bassin hat 12 Meter Länge, 6 Meter Breite und 3 Meter Tiefe. ... Rund um den Hallenbau ziehen sich hinter gestickten Vorhängen die Ankleidekabinen hin, während in bunt ausgekachelten Räumen elektrische Lichtbäder und Wasserbäder der verschiedensten Art verabfolgt werden. Und wenn man sich dann nach einigen gymnastischen Übungen im Nebenraum auf bequemen Polstern hinlänglich der Ruhe gewidmet hat, so genügt noch eine kurze Visite beim Friseur, um wie neugeboren in den Gesellschaftsräumen zu erscheinen.

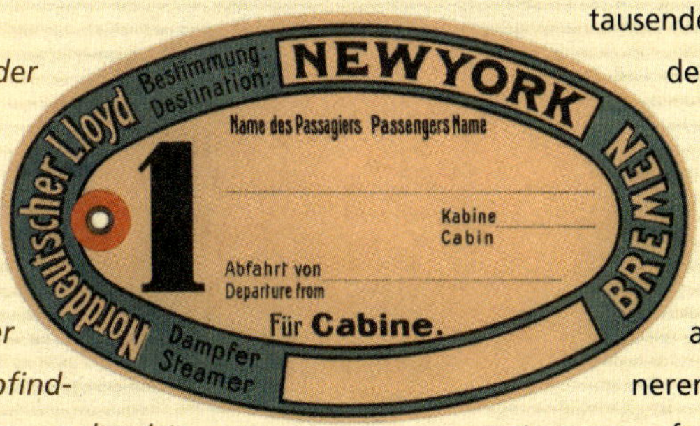

Es gibt Stunden, in denen der Reisende über dieser Weltstadt den Ozean um sich her völlig vergißt. Zunächst fehlt auf diesem Turbinendampfer das Geräusch und die leise Vibration der Schiffsmaschinen, das sehr empfindlichen Fahrgästen bisweilen unangenehm ist; ferner dürfte auch die ehedem so gefürchtete Seekrankheit für die meisten Passagiere zur Legende geworden sein, denn die bewährten, der »Vaterland« mittschiffs eingebauten Frahmschen Schlingertanks erhöhen die ruhige Gangart des Schiffes außerordentlich. Aber auch hierüber hinaus fürchtet der Passagier den Ozean nicht mehr, betrachtet ihn nicht länger als feindliche Macht. Unausgesetzt weiß er sich von einem komplizierten Apparat erprobter Sicherheitseinrichtungen umgeben, die unsichtbar für seine Sicherheit bürgen, und mit deren rascher Handhabung ein wohlgeschultes Personal vertraut ist. ...

Angesichts dieser umfangreichen Schutzmaßnahmen ... wird man ernste Gefahr auf See nicht leicht zu befürchten haben. Sollten trotz aller Vorsicht höhere Gewalten die Fahrgäste irgendwann zwingen, das Schiff auf dem Ozean zu verlassen, so stehen 83 Rettungsboote zur Verfügung, von denen schon 70 ausreichen würden, um sämtliche Personen des vollbesetzten Dampfers aufzunehmen.[24]

So also fuhr man 1914 zur See! Diese ausführliche Beschreibung der Einrichtungen des Schnelldampfers VATERLAND zeichnen ein realistisches Bild des auf modernen Schnelldampfern erreichten Komfortniveaus. Die fast poetisch staunende Bewunderung in der zitierten zeitgenössischen Diktion ist ihrem Gegenstand durchaus angemessen, denn in der VATERLAND vereinten sich alle Facetten des damals praktizierten Passagierschiffbaus zu einem großartigen Superlativ. Es gab auf der ganzen Welt damals nur drei Schiffe, die an die VATERLAND heranreichten, nämlich die 1911 gebaute OLYMPIC der White Star Line, 45 324 BRT, die 1913 gebaute IMPERATOR der Hapag, 52 117 BRT, und die 1914 gebaute AQUITANIA der Cunard Line, 45 647 BRT groß. Innerhalb weniger Jahrzehnte hatte der menschliche Genius die jahrtausendelang gefürchtete Seereise in die denkbar bequemste und luxuriöseste Reiseform verwandelt!

Die herausragende Stellung dieser Spitzenschiffe bedeutet nun keineswegs, daß man auf allen früher gebauten oder kleineren Schiffen spartanische Einrichtungen vorfand und sich mit dem Standard eines kleinbürgerlichen Hotels abfinden mußte. Wir haben in unserer Tabelle auf Seite 236 gesehen, wie schnell sich die größten Schiffe der Welt ablösten, und wir können daraus ganz selbstverständlich folgern, daß diese Dampfer auch nach Indienststellung eines neueren Konkurrenzschiffes ihren Erste-Klasse-Status auf Jahre hinaus bewahren. Und wir behalten natürlich auch im Auge, daß wir in diesem Buch die Entwicklung des Luxus zur See selbstverständlich und am besten auf den Spitzenschiffen verfolgen. Diese setzen stets den Maßstab, dem dann auch auf den Schiffen weniger ehrgeiziger Nordatlantikreedereien entsprochen wird – werden muß – nach den ehernen Gesetzen des Wettbewerbs. Es ist im übrigen kein Naturgesetz, daß dem Fahrgast auf einem kleineren Schiff weniger Komfort oder Raum geboten werden müßte; wenn z.B. ein kleinerer Dampfer für eine entsprechend geringere Zahl von Fahrgästen eingerichtet ist, könnte denen durchaus Spitzenluxus geboten werden. Man denke nur an die luxuriösen Privatyachten der oberen Zehntausend.

Daß wir bisher nur Passagierschiffe auf der Nordatlantik-Linie betrachtet haben, liegt an der bereits erwähnten Pionierrolle dieser Route. Zwischen der soge-

24 Norddeutsche Allgemeine Zeitung vom 3. Mai 1914. Zit. in einer Presseinformation der Hapag. Hamburg, 1914.

nannten Alten und der Neuen Welt, beide zivilisatorisch und industriell gleichermaßen hoch entwickelt, gab es das absolut größte interkontinentale Verkehrsbedürfnis. Dieses wurde noch durch die relativ kurze Überfahrtdauer begünstigt. Hier, auf dem Nordatlantik, spielte die Musik, hier wurde das Geld verdient, mit dem man den Luxus auf See bezahlen und deshalb auch fordern konnte. Vom Spannungsverhältnis dieser Gegenpole gingen die Impulse in die übrige Welt. Nach Asien gab es schon in den 1830er Jahren Dampferverbindungen. Südamerika, wie Nordamerika praktisch von Europäern besiedelt, war seit 1851 durch Dampferlinien mit Europa verbunden. Australien und Afrika folgten. Die Verkehrsziffern auf diesen Routen wuchsen zwar stetig, blieben aber bis zum Ende der Dampfschifffahrt stets weit hinter den Zahlen auf dem Nordatlantik zurück. Entsprechend langsamer entwickelten sich die Schiffsgrößen und der Komfort ihrer Einrichtungen.

In der nebenstehenden Tabelle sind alle sieben bis zum Kriegsausbruch 1914 weltweit auf diesen Routen in Dienst gestellten Spitzenschiffe mit einer Größe ab 15 000 BRT aufgeführt: Diese Liste belegt, daß wir diese Fahrtgebiete für den Zeitraum vor 1914 trotz des zweifellos hohen Einrichtungsstandards dieser Schiffe vernachlässigen durften.

Wenige Wochen später unterbrach der Erste Weltkrieg die langen Jahrzehnte des friedlichen Wettbewerbs in der internationalen Passagierschiffahrt, dessen Höhepunkt die drei Schwesterschiffe der IMPERATOR-Klasse bildeten. Dieses Schiff lief allerdings nur vierzehn Monate im Hamburg – New York-Dienst der Hapag, die VATERLAND gar nur zehn Wochen, und die erst im Juni 1914 vom Stapel gelaufene BISMARCK lag im August 1914 noch am Ausrüstungskai ihrer Bauwerft in Hamburg. Auch auf anderen europäischen Werften unterbrach der Krieg den Bau großer Luxusliner, die jetzt unvollendet auf den Helgen oder am Ausrüstungskai auf bessere Zeiten warten mußten. Dieser Krieg griff tief in die friedlich gewachsenen Strukturen der internationalen Passagierschiffahrt ein, was sich nicht nur an der großen Zahl versenkter Liner zeigte. – Die Deutschen als Verlierer des Konflikts mußten ihre Schiffe an die Sieger abliefern und damit wieder bei Null beginnen. Abgesehen von diesen – für die Deutschen allerdings gravierenden – Änderungen

Bj.	Schiffsname	Reederei	Nat.	BRT	Pass. I.
Route Europa–La Plata-Häfen					
1912	ARLANZA	Royal Mail Line	brit.	15 044	400
1913	ANDES	Royal Mail Line	brit.	15 620	380
1914	ALCANTARA	Royal Mail Line	brit.	15 831	400
1914	CAP TRAFALGAR	Hamburg-Süd	deut.	18 805	400
Route Europa–Südamerika-Westküste					
1914	ORDUNA	Pacific Steam	brit.	15 507	240
Route USA–Ostasien					
1904	MINNESOTA	Great Northern	USA	20 602	300
1905	DAKOTA	Great Northern	USA	20 714	300

ging man in der internationalen Passagierschiffahrt ab 1920 wieder zum business as usual über.

In diesen ersten Nachkriegsjahren kamen bis 1923 endlich auch die letzten noch vor 1914 bestellten Großschiffe in Fahrt. 1924 setzte sich die Creme der internationalen Spitzenschiffe auf dem Nordatlantik zu 90 Prozent aus Vorkriegsschiffen bzw. aus bei Kriegsausbruch in Bau gewesenen Schiffen zusammen; lediglich die vier am Schluß aufgeführten Schiffe waren Nachkriegsbauten. Obwohl sie ja eigentlich zwei 1914 zu Ende gegangene Kulturepochen repräsentierten, nämlich die victorianische Epoche und das wilhelminische Zeitalter, blieben die meisten der großen Vorkriegsschiffe bis in die 1930er Jahre Schauplätze des mondänen Bordlebens der modernen internationalen High Society auf See.

Die Tabelle läßt die durch den Krieg verursachten Verschiebungen in der Luxusklasse anklingen. Die 1914 führende Hamburg-Amerika Linie findet sich in dieser Spitzengruppe unter ferner liefen wieder, dabei würde sie mit ihren acht hier verzeichneten ehemaligen Schiffen das Feld mit Abstand anführen. Der Norddeutsche Lloyd konnte dank eines Abkommens mit den Briten seine zweite COLUMBUS behalten. Die englischen Reedereien kehrten auf die ersten Plätze zurück, indem sie ihre Kriegsverluste durch deutsche Liner ersetzten. Die USA nahmen zum ersten Mal seit den 1850er Jahren wieder eine Spitzenstellung in der internationalen Passagierschiffahrt ein, wenn auch nur dank ihrer deutschen Beuteschiffe. Die Franzosen unterstrichen ihren 1912 mit der FRANCE angemeldeten Anspruch auf einen Spitzenplatz mit der PARIS. Die im Krieg neutral gebliebenen Holländer mußten einstweilen auf ihrem Vorkriegsstandard verharren; ihre 1914 vom Stapel gelaufene STATENDAM war 1918 in britischen Diensten versenkt worden. Als Neulinge im Klub der Großen nahmen die Italiener ihren Platz ein. Aber auch auf den anderen interkontinentalen Routen gab es inzwischen 20 000 BRT große Passagierdampfer und damit erstmals weltweit Luxus auf allen Meeren. Dieser dokumentierte sich auch in einem neuen Unterhaltungsangebot an Bord, das ein Prospekt der Canadian Pacific 1921 wie folgt vorstellt: *Inzwischen hat der Kinofilm seinen Weg auf die Passagierschiffe gefunden und ist bei den Fahrgästen äußert beliebt. Die Filme werden nach dem Anspruch ausgewählt, die Touristen zu unterhalten und die Einwanderer zu erziehen.*

Wie wir gesehen haben, brachte die neue Zeit auch erste eigene Kreationen hervor, wenn auch vorläufig noch nicht im gewohnten großen Rahmen. Wir hatten ja schon früher festgehalten, daß die internationale Passagierschiffahrt nicht nur aus den wenigen Großreedereien besteht, und wir haben ferner längst erkannt, daß der auf den großen Schiffen eingeführte Luxus sich binnen kurzem auch auf kleineren Neubauten wiederfindet. Ein gutes Beispiel hierfür lieferte die Hamburg-Amerika Linie, die ja nach dem Krieg buchstäblich bei Null neu beginnen mußte. Sie tat das mit der 20 815 BRT großen ALBERT BALLIN und ihren bis 1927 in Dienst gestellten drei Schwestern, deren Passagiereinrichtungen für die Erste Klasse zwar nicht den Prunk und die Raumausdehnung der drei IMPERATOR-Schiffe erreichten, aber dennoch den Ansprüchen eines verwöhnten Reisepublikums bis 1939 voll entsprechen konnten. Diese Tatsache wirkt angesichts der verschobenen Maßstäbe und der immer größeren internationalen Konkurrenz fast unglaublich. Sie wird aber plausibel, wenn man sich vor Augen hält, daß Luxus ja außer den Faktoren Raum und Komfort noch weiterer Säulen bedarf, zum Beispiel der erstklassigen Küche und des traditionell perfekten Service'. Hierin ließen sich die deutschen Reedereien so leicht nicht übertreffen – allenfalls noch in der Cuisine von den Franzosen.

Die Spitzenschiffe auf dem Nordatlantik 1924

Cunard Line, britisch		
Bj. 1907	MAURETANIA	31 938 BRT
Bj. 1913	BERENGARIA, ehemals IMPERATOR der Hapag	56 551 BRT
Bj. 1914	AQUITANIA	45 647 BRT
White Star Line, britisch		
Bj. 1911	OLYMPIC	45 324 BRT
Bj. 1922	HOMERIC, ehemals COLUMBUS des Lloyd	34 351 BRT
Bj. 1922	MAJESTIC, ehemals BISMARCK der Hapag	56 551 BRT
United States Lines, USA		
Bj. 1905	AMERICA, ehemals AMERIKA der Hapag	21 114 BRT
Bj. 1909	GEORGE WASHINGTON, ehemals Nordd. Lloyd	23 788 BRT
Bj. 1914	LEVIATHAN, ehemals VATERLAND der Hapag	59 956 BR
Cie. Générale Transatlantique, französisch		
Bj. 1912	FRANCE	23 666 BRT
Bj. 1921	PARIS	34 569 BRT
Norddeutscher Lloyd, deutsch		
Bj. 1923	COLUMBUS	32 354 BRT
Red Star Line, belgisch		
Bj. 1923	BELGENLAND	27 132 BRT
Canadian Pacific Railway, britisch-kanadisch		
Bj. 1906	EMPRESS OF SCOTLAND, ehem. K. A. VICTORIA der Hapag	25 037 BRT
Bj. 1920	EMPRESS OF AUSTRALIA, ehemals TIRPITZ der Hapag	21 860 BRT
United American Lines, USA		
Bj. 1920	RESOLUTE, ehem. WILLIAM O'SWALD der Hapag	19 653 BRT
Bj. 1915	RELIANCE, ehem. JOHANN HEINRICH BURCHARD der Hapag	19 980 BRT
Holland-Amerika Lijn, niederländisch		
Bj. 1906	ROTTERDAM	24 149 BRT
Navigazione Generale Italiana, italienisch		
Bj. 1923	DUILIO	24 281 BRT
Bj. 1922	GIULIO CESARE	21 848 BRT
Hamburg-Amerika Linie, deutsch		
Bj. 1923	ALBERT BALLIN	20 815 BRT
Bj. 1924	DEUTSCHLAND	20 607 BRT

Die Ausfahrt der LA LORRAINE

(Zeitgen. Postkarte)

In seinem Roman Pierre und Jean läßt Guy de Maupassant die Begeisterung der Franzosen über den ersten Schnelldampfer der französischen Handelsflotte anklingen, der 1900 in St. Nazaire für die Cie. Gén. Transatlantique gebaut wurde. Maupassant schildert die Ankunft der 11 146 BRT großen LA LORRAINE in Le Havre. Ein Offizier betritt den Dampfer, um seinen Dienst anzutreten: Er irrte auf dem Schiff umher, mitten unter geschäftigen, aufgeregten Menschen, die ihre Kabinen suchten, einander zuriefen, Fragen stellten und sie im Durcheinander der Abreise aufs Geratewohl beantworteten. Nachdem er sich beim Kapitän gemeldet und sich mit seinem Kollegen, dem Zahlmeister, bekannt gemacht hatte, ging er in den Salon, wo schon in den Ecken ein paar Engländer schläfrig herumlungerten. Der große Raum mit seinen Marmorwänden in vergoldeten Stuckrahmen setzte im Spiegelbild die Prozession der langen von zwei Reihen rotsamtener Drehsessel flankierten Tische in die Unendlichkeit fort. Das war also der riesige schwimmende Saal, das kosmopolitische Zentrum, in dem die reichen Leute aus allen Erdteilen ihre Mahlzeiten einnehmen würden. Er war ausgestattet mit dem üppigen Luxus der großen Hotels, Theater und öffentlichen Gebäude, mit jenem aufdringlichen und banalen Luxus, der dem Auge der Millionäre wohltut .... Wenig später läßt Maupassant seine Leser die erste Ausreise der LA LORRAINE nach New York miterleben: Der Dampf schnob in dem riesigen Leib des Schiffes, das vor Ungeduld zu zittern schien. Der riesige Dampfer wurde durch einen starken Schlepper gezogen, der sich vor ihm wie eine Raupe ausnahm; langsam und majestätisch verließ er den Hafen. Die auf den Molen, am Strande und an den Fenstern versammelte Bevölkerung von Le Havre begann in einem jähen Ausbruch von Nationalstolz zu rufen: »Es lebe die 'Lorraine'!« und begrüßte diese großartige Ausreise, diese Niederkunft einer großen Seestadt, die dem Meer ihre schönste Tochter darbrachte, mit Zurufen und Beifallklatschen. Doch sobald die »Lorraine« den engen Raum zwischen den beiden Granitmauern hinter sich gelassen hatte und sich endlich frei fühlte, machte sie sich von ihrem Schlepper los und glitt wie ein riesiges Ungetüm aus eigener Kraft über das Meer davon.

(Cie. Gén. Transatlantique)

Salta war ein auf allen Dampfern bekanntes und beliebtes Brettspiel. *(Zeitgen. Postkarte)*

Morgendlicher Rundgang bei frischer Brise. *(Gouache von W. Zehme. Deutsches Schiffahrtsmuseum)*

Der erste Blick des gerade an Bord gekommenen Ehepaares in sein Domizil für die kommenden Tage oder gar Wochen. *(Gouache von W. Zehme. Deutsches Schiffahrtsmuseum)*

Szenen aus dem Bordleben um 1900

Abendstimmung auf dem Sonnendeck. (Menükarte von Fritz Schwormstädt)

Ein abgeschiedenes Plätzchen findet sich immer. (Zeitgen. Postkarte)

Erholung an Deck. (Gouache von W. Zehme. Deutsches Schiffahrtsmuseum)

Lustige Spiele sind besonders auf längeren Reisen willkommene Zerstreuung, wobei es gar nichts macht, wenn sie ein bißchen simpel erscheinen, wie hier das Damenschuh-Wettspiel. Die jungen Damen müssen dabei ihre Schuhe in einen Sack werfen, der am anderen Ende des Decks ausgeschüttet wird.

Dann müssen die Damen auf Strümpfen dorthin laufen, ihre Schuhe finden, sie anziehen und dann eiligst zum Ausgangspunkt zurücklaufen; der Ersten winkt der Siegespreis.
(Deutsches Schiffahrtsmuseum)

Der 1905 gebaute Hapag-Dampfer AMERIKA, 22 225 BRT, war bei seiner Indienststellung das luxuriöseste Schiff der Welt. Hier ein beeindruckender Blick in das Haupttreppenhaus.

(Abbildungen aus zeitgen. Prospekten)

Der Salon der Kaisersuite auf der AMERIKA.

Die KAISERIN AUGUSTE VICTORIA der Hapag, Schwesterschiff der AMERIKA, war mit ihren 24 581 BRT von 1906 bis 1907 das größte Schiff der Welt. (Zeitgen. Postkarte)

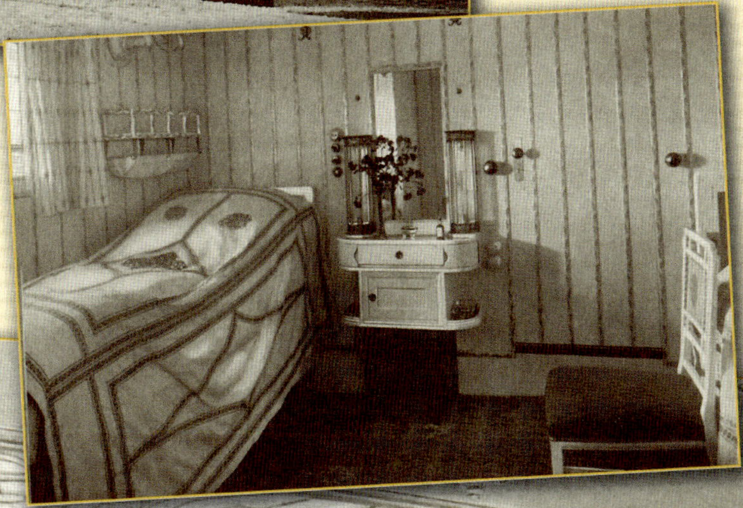

Ein Schlafzimmer der Luxusklasse auf der 1907 in Dienst gestellten KRONPRINZESSIN CECILIE des Norddeutschen Lloyd.

Ein Novum auf der AMERIKA war das erste Ritz-Carlton-Restaurant an Bord eines Schiffes.

Mit der Indienststellung der 31 550 BRT großen LUSITANIA im August 1907 und ihrem Schwesterschiff MAURETANIA einen Monat danach hatte Cunard das »Jahrzehnt der Deutschen« auf dem Nordatlantik beendet, gleichzeitig aber eine neue Runde im Kampf um die Vorherrschaft eingeleitet. (Zeitgen. Postkarte)

PROGRAMME

OF

Variety Entertainment

TO BE GIVEN BY THE

'AMAZON' STEWARDS' MINSTRELS

On Board R.M.S.P. "AMAZON"

— THURSDAY, MARCH 30TH, 1911 —

COMMENCING AT 9.15 P.M. PUNCTUALLY

— PART I —

- MINSTRELS -

	SELECTION		
1	OPENING CHORUS	"In the land of Cotton"	ORCHESTRA THE TROUPE
2	SONG	"How do my Baby"	G. KNAPP
3	SONG	"Yip-I-addy-I-ay"	H. JENKINS
4	SONG	"What do you want to talk about it for"	C. HORE
5	SONG	"Jungle Town"	J. H. CROCKER
6	SONG	"Ship Ahoy"	A. G. REEVES
7	SONG	"Gussies laughing song"	A. HARRINGTON

— INTERVAL OF 10 MINUTES —

— PART II —

- VARIETY -

SELECTION ... ORCHESTRA

1 H. B. JENKINS, Illusionist.
2 A. HARRINGTON, Coon Artist
3 GANYMEDE? Popular Comedienne
4 CROCKER & KNAPP, Duettists and Patterers
5 A. DIGARD, Vocalist
6 C. HORE, Character Comedian
7 MILITARY FINALE, "Boys of the Old Brigade"

GOD SAVE THE KING"

Während auf der Nordatlantikroute bis in die 1950er Jahre, von Musikdarbietungen abgesehen, die Unterhaltung an Bord Sache der Passagiere war – denen man dazu allerdings Unterstützung gewährte –, war das auf Routen mit mehrwöchiger Reisedauer anders, wie man dem gedruckten Programm des Dampfers AMAZON, 10 037 BRT, 1906 erbaut, entnehmen kann.

Vor 1914 legten die Dampfer des Norddeutschen Lloyd, der Hapag und der Holland-Amerika Lijn an den großen Pieranlagen in Hoboken an, auf der Manhattan gegenüberliegenden Seite des Hudsons.

Enthusiastische Verse widmete 1909 das Literarische Bureau der Hamburg-Amerika Linie in einem Prospekt den neuen 17 000-Tonnern CLEVELAND und CINCINNATI. Auf der CLEVELAND führte die Hapag ihre ersten Weltreisen durch.

Die Agentur der Hapag im österreichisch-ungarischen Zagreb vertrat vor 1914 auch die österreichische Austro-Americana und die belgische Red Star Line. Darüberhinaus zierten die Plakate weiterer Reedereien wie Holland-Amerika Lijn und Cunard Line die Hauswand, auch deren Fahrscheine waren hier erhältlich. (Zeitgen. Postkarte)

Das große Schiff!
In sieben Reisetagen gewann ich's lieb.
Es hat so starke Art.
Durch fernste Fernen eifrig hingetragen,
genoß ich recht mit atmendem Behagen
auf seiner zielgewissen Träumerfahrt
der weiten Welt, der reinsten Gegenwart.

Wenn Tag um Tag sich hellte und erblaßte,
wie freute mich der Himmel und die Flut
der ew'gen See, der Windhauch, der mich faßte!
Hell wimpelte des Glücks Geleucht am Maste,
und fröhlich war mein Herz, in sich'rem Mut
dem Schiffe gleich, das wandernd schwimmt
und ruht.

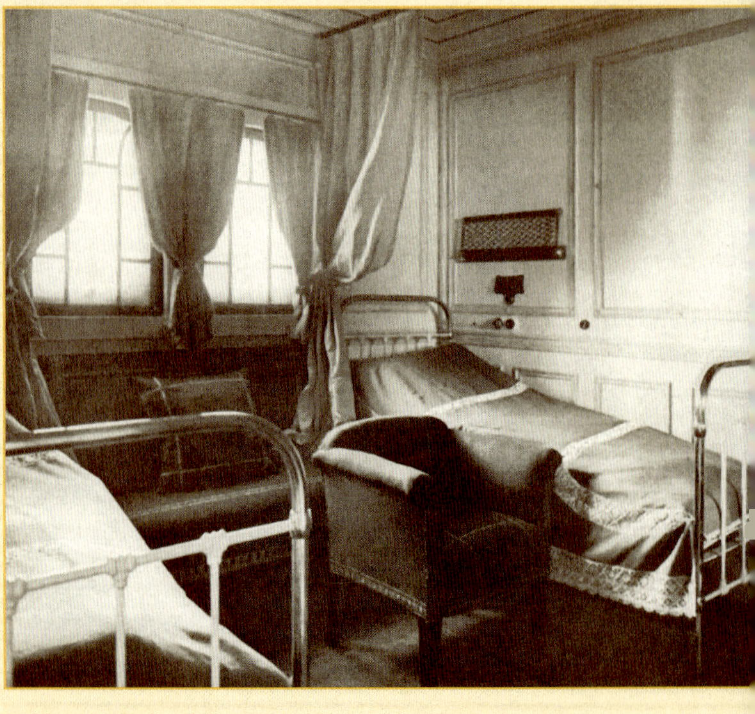

Kabine mit Bad auf der 1909 gebauten CLEVELAND.

Der luftige Speisesaal der CAP TRAFALGAR. (Zeitgen. Prospekt)

Nur ein halbes Jahr lang war die 18 805 BRT große CAP TRAFALGAR der Hamburg-Süd 1914 das stolze Flaggschiff auf der Südamerikaroute, ehe sie im September 1914 dem Krieg zum Opfer fiel.

Passagiere und

Sichtlich geschmeichelte Damen, flankiert vom ersten Offizier und dem legendären Kapitän Ernst Rolin 1907 auf der Brücke des Hamburg-Süd-Dampfers *RIO PARDO*, 4 620 BRT groß.

Auch mit solchen Arrangements konnte man Kundschaft gewinnen, die dann zu Hause per Fotosouvenir ihren Status an Bord des Schiffes belegen konnte, mit Blumengesteck und dienstbarem Bell Boy an der Seite.

Anfang des 20. Jahrhunderts begann die Ära der Bordfotografen, die anfangs oft nur nebenberuflich arbeiteten, bald aber aus dem Bordbetrieb nicht mehr wegzudenken waren. Eine sichere Einnahmequelle hatten sie in den reichen Passagieren, die sich gern auf der Brücke oder an Deck ablichten ließen, am liebsten in einem Gruppenbild mit Kapitän, wie hier 1907 auf der *KRONPRINZESSIN CECILIE* mit Kapitän Högemann.

Bordfotografen

Im Sonntagsstaat haben sich im Sommer 1914 erwartungsfrohe Passagiere vor dem Hapag-Dampfer VATERLAND aufgestellt und posieren auf dem Cuxhavener Steubenhöft vor dem Fotografen Rudolf Thode.

In zünftiger Wanderkleidung zelebriert ein Ehepaar 1925 auf der FULDA des Norddeutschen Lloyd seinen täglichen Decksspaziergang.

Im Hafen von Houston verlassen Passagiere den Lloyd-Dampfer YORCK.

Welthäfen

New York um 1920. An der Südspitze Manhattans ragen die Fingerpiers der spanischen Cia. Trasatlantica, No. 8, und der amerikanischen Munson Line, No. 9, von der damaligen South Street in den East River. Der betagte kubanische Fracht- und Passagierdampfer OLINDA, 2 376 BRT groß, war schon 1887 gebaut worden und stand bis 1903 in den Diensten der Hamburg-Süd. Die Hochhauskulisse in Lower Manhattan nimmt sich noch eher bescheiden aus. Die alten Piers fielen in den 1950er Jahren der Landgewinnung zum Opfer.

Triest war vor dem Ersten Weltkrieg Heimathafen und Ausgangshafen der meisten Übersee-Liniendienste der österreichischen Reedereien, die damals Häfen in aller Welt bedienten.

Direkt an den Rio de la Plata, den Silberstrom, dessen braune Unendlichkeit grandios trostloser Wüste gleicht, aus der Buenos Aires gleich einer Fata Morgana aufsteigt (Colin Ross), grenzte 1923 dieses größte Hafenbecken der Metropole Argentiniens. Hier legten die großen Passagierdampfer aus Europa und Nordamerika an, wie ganz rechts die CAP POLONIO mit ihren drei Schornsteinen, Flaggschiff der Hamburg-Süd. Im Vordergrund hat ein portugiesischer Dampfer festgemacht; rechts von dessen Mast ist, direkt hinter dem Ladebaum, die Einfahrt zu den vier hintereinanderliegenden, von Getreidespeichern gesäumten und mit großen Schiffen aus aller Herren Länder vollbelegten Dockhäfen zu erkennen. Heute sind im hier abgebildeten Komplex nur noch Sportboote, Museumsschiffe und gelegentlich ein Kreuzfahrtschiff zu sehen. (Zeitgen. Postkarte)

An der Estación Maritima der katalanischen Hauptstadt Barcelona hat hier 1926 Italiens erstes Kreuzfahrtschiff festgemacht, die 8 723 BRT große, ehemals deutsche, NEPTUNIA der Sitmar-Reederei. Im Hintergrund der Montjuich mit dem im 17. Jh. zum Schutz von Stadt und Hafen angelegten Castillo de Montjuich, das sich als einziges der hier sichtbaren Bauwerke in unsere Gegenwart hinübergerettet hat. (Zeitgen. Postkarte)

*STATENDAM,
Holland-Amerika Lijn,
29 511 BRT,
Baujahr 1924.
Rotterdam–New York.*

*LEVIATHAN ex
VATERLAND,
United States Lines,
59 956 BRT,
Baujahr 1914.
New York–
Southampton.*

*ESPERIA,
Sitmar Line,
11 398 BRT,
Baujahr 1921.
Genua–
Alexandria.*

Passagierdampfer in den 1920er Jahren

BERENGARIA ex IMPERATOR, Cunard Line, 52 226 BRT, Baujahr 1913. Southampton–New York.

USARAMO, Deutsche Ost-Afrika-Linie, 7 758 BRT, Baujahr 1920. Hamburg–Ostafrika.

BELGENLAND, Red Star Line, 27 132 BRT, Baujahr 1917. Antwerpen–New York.

DE LA SALLE, Cie. Gén. Transatlantique, 8 400 BRT, Baujahr 1924. Le Havre–Westindien.

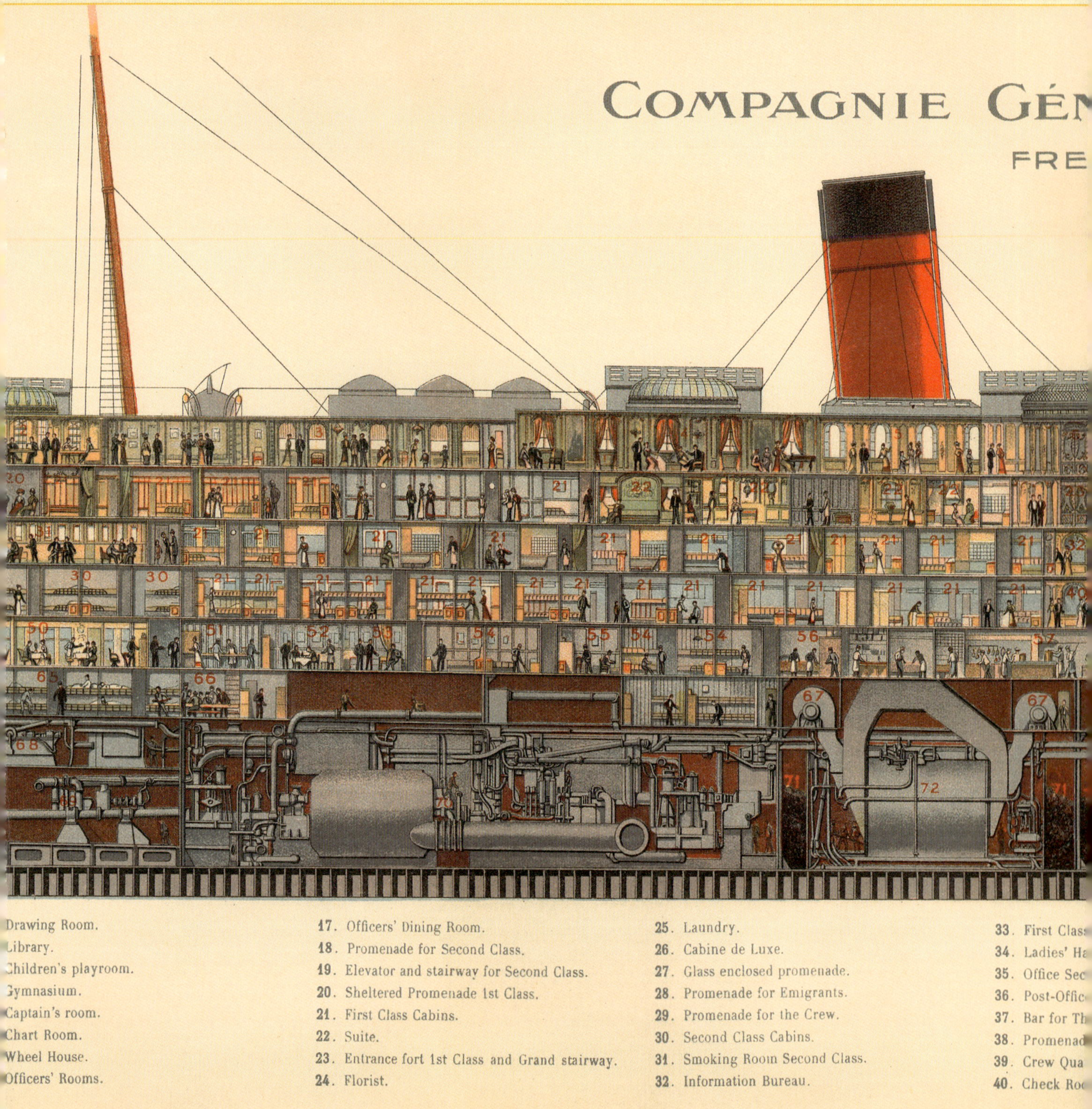

Längsschnitt durch den 1912 in St. Nazaire gebauten, 23 666 BRT großen französischen Schnelldampfer FRANCE. Die hier gezeigte Raumaufteilung galt in den Jahren 1890 bis 1925 grundsätzlich für die Schnelldampfer aller Reedereien. Man beachte den großen Raumanteil, den die Maschinen- und Kesselanlage einnahm.

SS "FRANCE" Longitudinal Section

1st Class Passengers	534
2nd – –	442
3rd – – (With cabin)	226
3rd – –	724
Crew	600
Total number of persons on board	2526

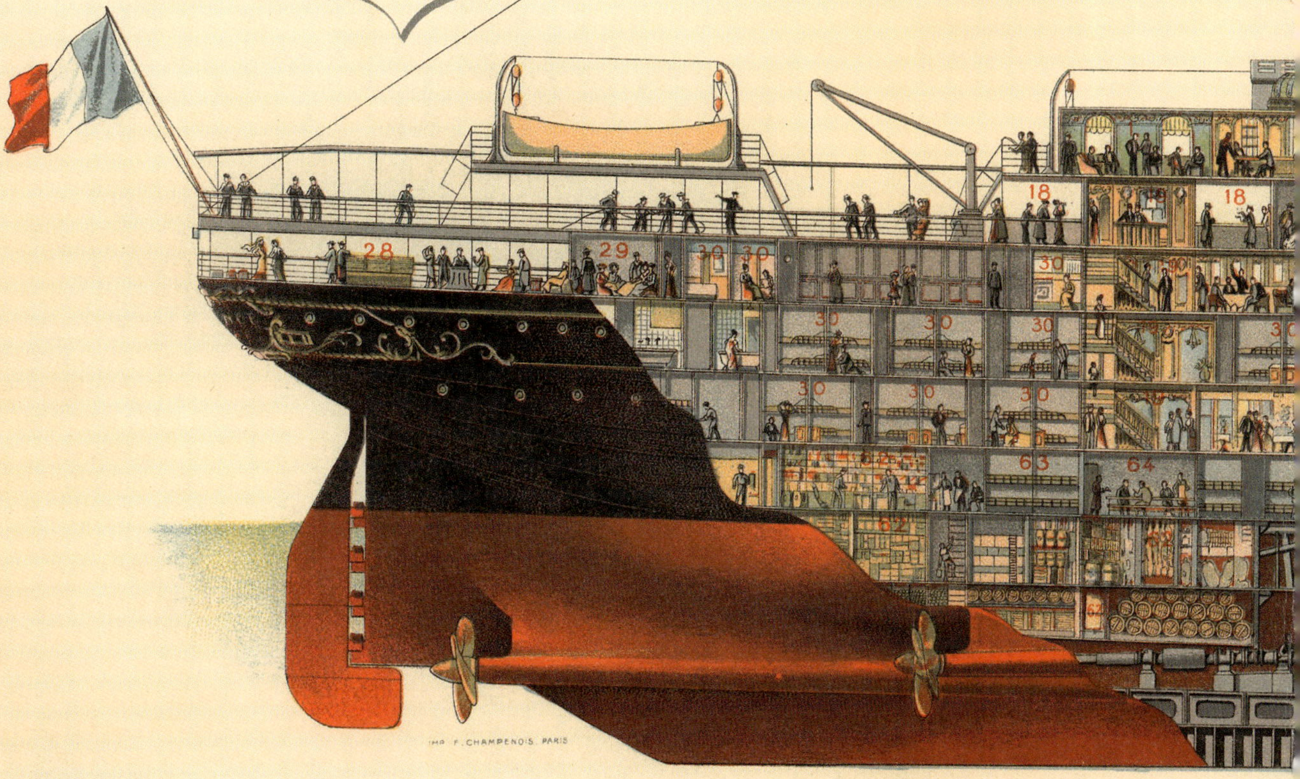

1. Terrace Café.
2. Smoking Room.
3. Art Gallery
4. Lounge Room.
5. Gallery.
6. Entrance to Grand stairway 1st Class.
7. Elevator.
8. Gallery.

9.
10.
11.
12.
13.
14.
15.
16.

Wer in den Jahren vor dem Ersten Weltkrieg in der Ersten Klasse buchte, von dem erwartete man, daß er sich zu jeder Tageszeit angemessen kleidete. Damit man alle zu einem solchen Lebensstil gehörenden Kleidungsstücke und sonstigen Utensilien mitführen und stets griffbereit zur Verfügung haben konnte, bedurfte es eines breitgefächerten Sortiments an Koffern, wie sie die damals führende Firma Mädler in den abgebildeteten Anzeigenanbot.

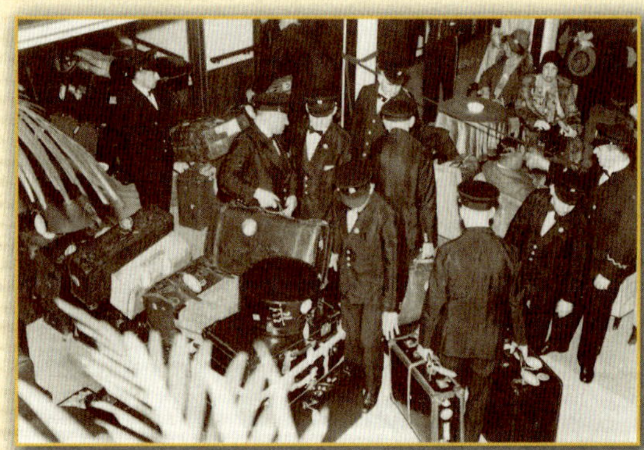

Die Koffer der Fahrgäste werden in Bremerhaven an Bord gebracht; sechs Tage später – kurz vor dem Anlegen in New York – liegen sie schon wieder bereit, diesmal zum Ausladen. (Fotos Hanns Tschira. Deutsches Schiffahrtsmuseum)

Die ersten französischen Superliner

Mit dem Bau der 34 564 BRT großen PARIS der Cie. Générale Transatlantique war schon 1913 begonnen worden, wegen des Krieges kam das Schiff jedoch erst 1921 in Fahrt. *(Zeitgen. Postkarte)*

Das imposante, aber trotz der hellen Deckendekoration düster und abweisend wirkende Treppenhaus der PARIS.

Der Speisesaal der FRANCE mit dem Treppenaufgang zu den Galerien. *(Cie. Gén. Transatlantique)*

65. Firemen & Stokers post.
66. Dining Room for Firemen and stokers.
67. Cooling Hall for stokers.
68. Cold Storage rooms.
69. Shaft tunnels.
70. Turbine compartments.
71. Coal bunkers.
72. Engines aft.
73. Boilers.
74. Boilers.
75. Boilers.
76. Baggage Chute.
77. Hold No. 2.
78. Hold No. 1.
79. Chain Locker.
80. Forward Deck.

ERALE TRANSATLANTIQUE

CH LINE

Room.
ng Parlor.
tain.

s.
igrants.

lass.

41. Hallway leading to 1st Class dining room.
42. Hospital & Pharmacy.
43. Third Class Cabins.
44. Office Third Class Dining Room.
45. Entrance to Third Class.
46. Third Class Dining Room.
47. Third Class Smoking Room.
48. Quartermasters' Dining Room.

49. Entrance to crews' Quarters.
50. Second Class Dining Room.
51. Assistant Engineer.
52. Dining room for Engineers.
53. Cabin of Chief Engineer.
54. Engineers' Cabins.
55. Engineers' Quarters.
56. Bakery.

57. Kitchen for 1st & 2nd C
58. Office First Class Dinin
59. Emigrants' Quarters.
60. Kitchen for crew and E
61. Baggage Chute.
62. Storeroom.
63. Stewards quarters.
64. Dining Room for waiter

Die Taufe des ersten über 50 000 BRT großen Dampfers der Welt auf der Hamburger Vulcan-Werft war ein international beachteter Staatsakt, wie allein die dafür errichtete Tauftribüne ermessen läßt. Ganz oben auf der Kanzel hat Kaiser Wilhelm II. gerade die traditionelle Sektflasche am Rumpf zerschellen lassen und dem Neubau den stolzen Namen IMPERATOR verliehen. (Hapag-Lloyd)

Zur Jungfernreise des größten Dampfers der Welt, der IMPERATOR, hatte die Hapag im Mai 1913 die führenden deutschen Journalisten zur Mitfahrt auf der Teilstrecke von Cuxhaven bis Southampton eingeladen und sie gebeten, ihre Eindrücke in wenigen Zeilen festzuhalten. Hier zwei Zitate aus dem daraus entstandenen Bändchen:

Als ich das Riesendeck entlangsah,
kam über mich ein Gefühl
frohlockender Bewunderung,
das ich beim Umherwandern
im hohen Gestänge
des Eiffelturms gespürt hatte.
Ein Glück über technischen Mut.

Ich billige durchaus den hier betätigten
letzten Luxus; weil er ein menschliches
Verwegenheitsmerkmal im großen
Preisgegebensein an Wind,
Fische, Wogen, Einsamkeit ist.

Ich bin ein alter, leidenschaftlicher,
grundsätzlicher Seefahrer,
der viele Schiffsgattungen
in allerhand Meeren kennt.
Ich bewundere dies
entwickeltste Schiff der Erde,
weil es nicht allein das Notwendige,
sondern das Überschüssige gibt.
Der Weg vom Urkahn, vom notdürftigen
Beförderungsmittel, zu diesem Fahrzeug
ist so lang wie der Weg vom kritzelnden
Höhlenmenschen zu meinesgleichen -
(dacht' ich, in stiller Bescheidenheit).

Alfred Kerr

Der 52 117 BRT große Riesendampfer IMPERATOR ankert auf seiner Jungfernreise im Solent vor Southampton.

Der Geist der Technik, mißvergnügt,
Ging einst am Meer spazieren.
Er hatte längst die Welt besiegt,
Nichts wollt' ihn amüsieren.
Da traf er Madame Phantasie;
Nackt ausgestreckt im Sand lag die.

Sie rief: »Wie siehst Du aus, mein Sohn?
So bös? daß Gott erbarme!
Wart' nur, ich mach Dich heiter schon!«
Und nahm ihn in die Arme...
Aus diesem Bund ein Sohn entstand,
Der »Imperator« ward genannt.

Max Osborn

Innenräume von den Dimensionen der Salons auf den Schiffen de

Ritz-Carlton-Restaurant der VATERLAND.
(Blohm & Voss)

Wintergarten der IMPERATOR.
(Zeitgen. Prospekt)

IMPERATOR-Klasse hatte es auf den Weltmeeren bis dahin nicht gegeben

Schlafzimmer einer Staatssuite auf IMPERATOR. (Zeitgen. Prospekt)

Das 1914 bei Blohm & Voss in Hamburg gebaute zweite Schiff der IMPERATOR-Klasse, die 54 282 BRT große VATERLAND. (Zeitgen. Prostkarte)

Großer Festsaal der IMPERATOR. (Zeitgen. Prospekt)

Die 1922 in Dienst gestellte CONTE ROSSO des Lloyd Sabaudo war mit ihren 18 017 BRT 1922 das größte und luxuriöseste italienische Passagierschiff. Auf dem Foto aus den 1930er Jahren gehört sie bereits dem Lloyd Triestino und liegt hier vor Colombo auf Ceylon vor Anker, umringt von Tenderbooten, Fährschiffen sowie den Booten Einheimischer, die sich ein Geschäft erhoffen oder einfach nur den großen Dampfer sehen wollen. (Foto Hanns Tschira. Deutsches Schiffahrtsmuseum)

Blick in den Speisesaal der CONTE ROSSO. *(Sammlung Dr. Rico Reinle)*

Prospekt für den Afrika-Dienst der Woermann-Linie und der Deutschen Ost-Afrika-Linie ab Hamburg.

Zeitgenössische Postkarte des 1923 in Dienst gestellten Passagierdampfers USAMBARA, 8 690 BRT, der Deutschen Ost-Afrika-Linie vor Kapstadt.

3lick nach vorn über das windgeschützte Spieldeck der COLUMBUS. *(Gemälde von Claus Bergen. Gemeinde Lenggries. Deutsches Schiffahrtsmuseum)*

CLAUS BERGEN
AN BORD D. „COLUMBUS"
APRIL-MAI 1924

Auf den Schiffen der Ballin-Klasse

Allegorisch vereinte der Maler Hans Bohrdt hier die Ansicht des Dampfers HAMBURG mit Motiven seines Heimathafens.
© VG Bild-Kunst, Bonn 2005 (auch Abb. Seite 78/79).

Die elegant möblierten Räume dieser Schiffe waren zeitlos schön; hier die stilvolle Halle sowie ein Blick in eine Zweibettkabine.
(Aus zeitgen. Prospekt)

FELIX
SCHWORMSTÄDT
MÜNCHEN

Bei schönem Wetter gehörte die windgeschützte Laube der HAMBURG zu den bevorzugten Aufenthaltsorten besonders der jungen Leute. *(Gemälde von Felix Schwormstädt. Deutsches Schiffahrtsmuseum)*

Internationale Reedereiprospekte aus den 1920er

Nederland-Prospekt mit Abbildung der JAN PIETERSZOON COEN vor Port Said und dem Denkmal Ferdinand de Lesseps'.

Jahren präsentierten sich als informative Kunstwerke

Vor- und Rückseite des Aviso No. 7 für den Mittelmeerdienst des Lloyd Triestino, des ehemaligen Österreichischen Lloyd; links das stattliche Reedereigebäude, rechts die 7 367 BRT große HELOUAN, 1912 erbaut.

Bordszene auf der CITY OF LOS ANGELES, 12 642 BRT, 1899 als GROSSER KURFÜRST erbaut.

Interieur auf Schiffen der Nederland Line in den 1920er Jahren. Dieser Überblick liefert einen überzeugenden Beweis dafür, daß man nicht nur auf den absoluten Spitzenschiffen Luxus finden konnte.

Musiksalon der JAN PIETERSZOON COEN der Nederland Line, 11 692 BRT, Baujahr 1915.

Lesezimmer auf der CHRISTIAAN HUYGENS.

(Aus zeitgen. Prospekt)

Luxuskabine der CHRISTIAAN HUYGENS; 15 637 BRT, Baujahr 1928.

Bordladen der JAN PIETERS-ZOON COEN.

Die große Gesellschaftshalle der ***COLUMBUS.*** *(Foto Hanns Tschira. Deutsches Schifffahrtsmuseum)*

Seefahrtkomfort 1925

Werbepostkarte für R.M.S. (Royal Mail Ship) ARUNDEL CASTLE, 18 980 BRT, der britischen Union-Castle Line, um 1922.

Blick in eine Kabine mit Bad auf der COLUMBUS.
(Foto Hanns Tschira. Deutsches Schiffahrtsmuseum)

Im Speisesaal der COLUMBUS. Sammelpunkt festlicher Tafelgesellschaft ist der Speisesaal. Er bringt die alte Erkenntnis zum Ausdruck, daß zum festlichen Mahle eine festliche Umgebung gehört. (Foto Hanns Tschira. Deutsches Schiffahrtsmuseum)

Werbepostkarte für den Post- und Passagierdienst des Rotterdamsche Lloyd nach Niederländisch-Indien, um 1925. Abgebildet ist das damalige Flaggschiff der Reederei, die 1924 in Dienst gestellte, 11 406 BRT große SLAMAT.

Werbeprospekt für Winter Cruises 1913 auf der abgebildeten 16 703 BRT großen VICTORIA LUISE der Hapag, dem ehemaligen Schnelldampfer DEUTSCHLAND, der 1911 zum größten Kreuzfahrtschiff der Welt umgebaut worden war.

Exkurs 1

Frühe Kreuzfahrten

*Wo wir uns der Sonne freuen,
Sind wir jede Sorge los.
Daß wir uns in ihr zerstreuen,
Darum ist die Welt so groß.*

Johann Wolfgang von Goethe

Als erstes reines Kreuzfahrtschiff der Welt stach 1882 die 2 191 BRT große CEYLON des britischen Eigners John Clark in See. Dabei handelte es sich um einen bereits 1858 für den Liniendienst der P&O Line gebauten Dampfer, den man 1881 zum Kreuzfahrtschiff umgebaut hatte. Angesichts ihres stattlichen Alters von 22 Jahren und trotz des Umbaus konnte man die CEYLON allerdings kaum als Luxusschiff bezeichnen.[25]

Als in den 1880er Jahren zum ersten Mal die damals Exkursionen oder Vergnügungsreisen genannten Kreuzfahrten angeboten wurden, waren das recht exklusive Veranstaltungen, für die nur sehr reiche und unabhängige Personen als Teilnehmer in Frage kamen. Reich mußten sie wegen der hohen Reisepreise sein, und wegen der meist mehrwöchigen, oft monatelangen Dauer war Unabhängigkeit zwingend geboten. Da damals selbst die kürzeren Reisen mehr kosteten, als ein Arbeiter oder Angestellter im ganzen Jahr verdiente, war dieser mehrheitliche Bevölkerungsteil auf jeden Fall von der Teilnahme ausgeschlossen. Er wäre aber selbst dann ausgeschlossen gewesen, wenn er (unwahrscheinlicherweise!) das Geld übrig gehabt hätte, denn woher hätte er die Zeit nehmen sollen? Tariflichen Urlaub gab es damals noch nicht, ein Umstand übrigens, der selbst den damals »Besserverdienenden« die Teilnahme an einer längeren Kreuzfahrt unmöglich machte. Die allein in diesen Tatsachen begründete absolute Exklusivität der Kreuzfahrten blieb bis in die 1920er Jahre erhalten, wie wir sehen werden.

25 Über die Geschichte der frühen Kreuzfahrt informiert: Arnold Kludas Vergnügungsreisen zur See. Band 2. Hamburg 2003

Von Luxus im Sinne unseres Themas konnte auf jenen ersten Kreuzfahrten ohnehin nicht die Rede sein. Luxus setzt Platz voraus, den es auf den damals eingesetzten alten, kleinen und oft ausgedienten Dampfern nur eingeschränkt gab. Da das Attribut Luxus aber untrennbar mit dem Begriff Kreuzfahrt verbunden ist, müssen wir schon zehn Jahre weiter ins Jahr 1891 gehen, ehe wir auf ein Kreuzfahrtschiff stoßen, das allen zeitgenössischen Luxus aufweisen konnte: die AUGUSTA VICTORIA der Hapag. Dieses uns schon als Nordatlantikschnelldampfer begegnete Schiff war erst 1889 in Dienst gestellt worden. Weil die Schnelldampfer in den verkehrsschwachen Wintermonaten kaum Geld verdienten, kam Hapag-Direktor Albert Ballin auf die Idee, das Schiff auf eine zweimonatige Kreuzfahrt ins Mittelmeer zu expedieren. Die begann im Januar 1891 in Cuxhaven und ging als erste Luxuskreuzfahrt im heutigen Sinn des Wortes in die Geschichte ein. Die Reise war so erfolgreich, daß die Hapag sie Jahr für Jahr wiederholte und ihr Kreuzfahrtprogramm bald auch nach Norwegen, Spitzbergen oder gar nach Westindien ausdehnte.

Damit nun die Kreuzfahrer ihre Koffer mit den richtigen Utensilien füllen und sich dann an Bord zurechtfinden konnten, gaben die Reedereien bereitwillig Hinweise. Hier eine Kostprobe aus dem Jahr 1905; ein Vergleich mit den auf Seite 17ff nachzulesenden Empfehlungen zehn Jahre vorher macht übrigens so manchen Wandel deutlich:

Wie rüste ich mich zur Reise?

Die Beantwortung dieser Frage hängt in erster Linie von Zweck, Art, Zeitpunkt und Dauer der Reise, vom Klima und sonstiger Beschaffenheit des Reisezieles, von persönlichen Lebensgewohnheiten, Geschmack u.s.w. ab und wird deshalb in jedem einzelnen Falle verschie-

Amerikanische und deutsche Teilnehmer der ersten deutschen Spitzbergen-Kreuzfahrt 1893 mit der COLUMBIA haben sich unter der Regie des Bordfotografen zum Erinnerungsfoto versammelt. Einen der Abgebildeten inspirierte Spitzbergen zu begeisterten Zeilen: Unmittelbar hinter der Uferkante zeigten sich weite Flächen mit einem grünen Teppich überzogenen Landes, die fast vergessen ließen, daß wir uns auf 78 Grad nördlicher Breite befanden. Ein kurzer Aufstieg ließ die Schönheit des Fjords in stets wechselnden Bildern hervortreten, während nach der anderen Seite der Horizont von malerischen Schneegebirgen, stets überlagert von noch höheren, in prächtigem Silberglanz schimmernden Ketten, umgeben war.

1891 eröffnete die Hamburg-Amerika Linie als erste Reederei der Welt das Zeitalter der Luxuskreuzfahrten, als sie mit der AUGUSTA VICTORIA einen der modernsten Schnelldampfer von Cuxhaven aus auf eine zweimonatige Excursion mit 241 internationalen Gästen ins Mittelmeer entsandte. (Zeichnung von Holger Koppelmann)

Kapitän Barends posiert auf seiner damals hochmodernen Brücke. (Foto Strumper & Co. Deutsches Schiffahrtsmuseum)

Der damals 34jährige Albert Ballin, Chef der Hapag, hatte diese erste Luxuskreuzfahrt ausgearbeitet.

Das reichverzierte Treppenhaus gibt einen Eindruck vom luxuriösen Ambiente auf der AUGUSTA VICTORIA.

***Entertainment 1891. Originalunterschrift des Fotos:** Olympische Spiele. Das Wettessen.*
(Foto Strumper & Co. Deutsches Schiffahrtsmuseum)

den lauten. Trotzdem giebt es eine Reihe von Gegenständen, die für jede Reise unentbehrlich sind und die deshalb gewissermaßen den eisernen Bestand jedes Reisegepäckes bilden sollten. Für Seereisen auf den Vergnügungsschiffen der Hamburg-Amerika Linie ist die Liste solcher Gegenstände allerdings sehr klein, da bis auf die eigene Bekleidung eigentlich alles an Bord erhältlich ist, was der Passagier irgend für seine Bedürfnisse und seine Bequemlichkeit nötig haben kann. Zu den Gegenständen, die ein Reisender immer mit sich führen möge, gehören:

1) Zwei Anzüge, einen für die Reise, den anderen (dunklen) für besondere Gelegenheiten. Für Damen gilt ein Gleiches. Für Nordlandreisen empfiehlt sich Mitnahme eines sog. Sweaters (gewirktes Wolleibchen).

2) Ein Überzieher, dessen Stärke von der Jahreszeit und der Gegend, die man bereist, abhängt.

3) Eine bequeme Kopfbedeckung (Reisemütze für Damen und Herren gleich unentbehrlich).

4) Regenschirm.

5) Zwei Paar bequeme Schuhe, ein Paar stark (für Fusstouren), das andere Paar leicht.

6) Wäsche und Unterkleider nach Bedarf.

7) Eine Reisedecke (bei Seereisen unentbehrlich).

8) Die Toilettengegenstände, deren man sich gewöhnlich zu bedienen pflegt.

9) Legitimation – auch falls man Länder besucht, in denen kein Passzwang herrscht.

10) Reisehandbuch.

11) Fernglas.

12) Nähzeug, Bleistift, Reiseapotheke (jedenfalls etwas engl. Heftpflaster), kräftiges Messer mit Propfenzieher.

13) Starke und nicht zu schwere Koffer, möglichst sog. Kabinenkoffer. Alle Gepäckstücke lasse man mit Namen (Initialen) oder farbigen Streifen als Erkennungszeichen versehen.[26]

Obwohl die Hapag 1901 mit der PRINZESSIN VICTORIA LUISE auch das erste ausschließlich für Kreuzfahrten bestimmte Luxusschiff der Welt in Dienst gestellt hatte, setzte sie auch weiterhin moderne Neubauten aus dem Liniendienst für die wachsende Zahl ihrer Kreuzfahrten ein. Dieser scheinbare Widerspruch hatte einleuchtende Gründe: In den Jahrzehnten vor 1914 verlief – wie wir gesehen haben – die internationale Entwicklung des Passagierschiffs so rasant, daß Neuerungen und Weiterentwicklungen Jahr für Jahr neue Standards setzten. Diese konnte und wollte man natürlich dem Kreuzfahrtpublikum nicht vorenthalten. Die Idee, komfortable neue Linienpassagierschiffe bei Bedarf für die Kreuzfahrt einzusetzen, galt bei den internationalen Reedereien noch bis in die 1970er Jahre als optimale Praxis. Man konnte auf diese Weise immer das modernste Schiff anbieten, das man für die relativ kurzen Kreuzfahrtsaisons in den einzelnen Regionen aus dem Liniendienst abzog. Solche Schiffe führten aber meistens drei Passagierklassen, während Kreuzfahrten schon damals als klassenlose – besser gesagt: erstklassige – Veranstaltungen galten. Die Zahl der Plätze in der Ersten Klasse eines dreiklassigen Schiffes reichte aber nicht aus, um das Schiff für eine Kreuzfahrt rentabel zu belegen. Auf Kreuzfahrten nutzte man deshalb auch die Außenkabinen und Gesellschaftsräume der II. Klasse, deren geringerer Komfort durch einen niedrigeren Reisepreis kompensiert wurde.

Der bereits als »Erfinder« der Luxuskreuzfahrten erwähnte Hapag-Generaldirektor Albert Ballin gab diesem Konzept 1912 einen weiteren genialen Impuls. Die Hapag stand damals vor dem Entschluß, zeitgleich mit den Riesendampfern der IMPERATOR-Klasse noch drei ca. 20 000 BRT große Passagierschiffe für ihre Südamerikadienste bauen zu lassen. Ballin ließ diese Dampfer außerordentlich luxuriös einrichten und versah die ja für die Tropen bestimmten Schiffe mit einem besonders leistungsfähigen Kühl- und Lüftungssystem. Das Besondere an diesen Neubauten war, daß diese Kriterien nicht nur für die Erste Klasse galten, sondern auch die Zweite einschlossen, wenn diese auch – natürlich – nicht ganz so luxuriös ausfiel. Es wurde außerdem vermieden, die Zweite Klasse hermetisch gegen die Erste abzuschotten, damit sie auf Kreuzfahrten übergangslos in die höhere Klasse integriert werden konnte. Diese grandiose Idee trug zwar wegen des Ersten Weltkriegs erst zehn Jahre nach der Planung Früchte, erwies sich aber als überaus erfolgreich. Unter den Namen RESOLUTE, RELIANCE und EMPRESS OF AUSTRALIA erwarben alle drei Schiffe als Kreuzfahrer Weltruhm, nicht zuletzt auf ihren seit 1922 durchgeführten Weltreisen.

26 Taschen-Kalender der Hamburg-Amerika Linie 1905, Seite 18 f.

DIE DREISCHRAUBEN-LUXUSDAMPFER »RELIANCE« UND »RESOLUTE«

Der volle und ungetrübte Genuß einer Vergnügungs- und Erholungsreise nach dem Nordland wird dem Reisenden nur dann zuteil, wenn er sich einem Schiff anvertraut, das in seinen Einrichtungen und dem Zuschnitt seines Borddienstes dem Hochstand neuzeitlicher Reisekultur entspricht und dem Fahrtteilnehmer die Gewähr bietet, daß jede stimmungraubende Unbequemlichkeit während der Reise ausgeschaltet bleibt. Die Hamburg-Amerika Linie hat deshalb zur Ausführung ihrer Fjord- und Polarfahrten ihre Dreischraubendampfer »Reliance« und »Resolute« bestimmt, die auf zahlreichen Vergnügungsfahrten ihre besondere Eignung erwiesen und sich einen Weltruf als Touristenschiffe erworben haben. Als Luxusdampfer auf deutschen Werften für die Hamburg-Amerika Linie erbaut, besitzen die beiden Schiffe einen Raumgehalt von je 20000 Bruttoregistertonnen und messen 188 m in der Länge, 22 m in der Breite und 16 m in der Höhe. Mit diesen Maßen sind »Reliance« und »Resolute« größer als alle deutschen Schiffe, die je nach dem hohen Norden gefahren sind. Wie die äußere Gestalt, so geht auch die prächtige Innenausstattung weit über das früher Gebotene hinaus. Die Dampfer besitzen eine Reihe glänzender Gesellschaftsräume, die außergewöhnlich weiten Raum für die Entfaltung geselligen Bordlebens bieten. In einem großen, luxuriösen Speisesaal nehmen die Passagiere beim Klange festlicher Tafelmusik die Mahlzeiten ein. Zur Veranstaltung von Freundschafts- und Familienessen in kleinerem Kreise gibt der vornehm ausgestattete Grillraum vorzügliche Gelegenheit. Außer den Speisesälen und dem Grillraum haben die Dampfer ein mahagonigetäfeltes Rauchzimmer mit behaglichem Kamin und Lederklubsesseln und einen zart blaugrau dekorierten Damensalon mit einem großen Flügel zur musikalischen Unterhaltung. Die reichhaltige Bücherei ist in einem besonderen Bibliotheksaal untergebracht, der zugleich als Schreibzimmer dient. Endlich ist ein in seinen Ausmaßen und seiner Ausstattung ungewöhnlich großer und schöner Wintergarten vorhanden, der den Mittelpunkt des gesellschaftlichen Lebens an Bord bildet. Der von einem hohen Glasdom überwölbte, mit Pflanzen und Blumen geschmückte Saal lädt nach den Mahlzeiten zu Kaffee und Tee und an festlichen Abenden zu Konzert und Tanz. Die vornehme Ausstattung der Gesellschaftssäle wiederholt sich in den Wohnräumen. Die Kabinen sind geräumig und elegant möbliert und können von dem Passagier selbst gelüftet und temperiert werden. Die Luxuskabinen bieten den Vorzug eines angeschlossenen Bades. Wer in einer Staatszimmerflucht wohnt, kann sogar über Wohnzimmer, Schlafzimmer, eigenes Bad, eigene Toilette und Kofferraum verfügen.

Ausgedehnte, breite Promenadendecks, von denen die Hauptpromenade durch Glasschiebefenster gegen Zugwind geschützt ist, sowie eine offene Laube geben mehr als hinreichend Gelegenheit zum Aufenthalt in freier Seeluft. Unter den Einrichtungen für Spiel und Sport verdienen das Sportdeck, die Turnhalle und das große Hallenschwimmbad besondere Erwähnung. Das Schwimmbad liegt auf dem obersten Deck und hat ein für Schwimmer und Nichtschwimmer eingeteiltes Bassin; ringsum läuft ein breiter Gang, von dem aus man in die Ankleidekabinen, Duschräume und Waschräume gelangt. Bei gutem Wetter wird das Glasdach des Hallenbades geöffnet, so daß Sonne und Seeluft ungehindert eindringen können. Die Turnhalle hat eine Reihe von elektrisch betriebenen Zander-Geräten, außerdem aber auch Turngeräte, wie Reck, Ringe, Fechtzeug usw. Der Reisende braucht also seine gewohnte sportliche Betätigung und Körperpflege nicht zu unterbrechen, um so mehr als noch eine Reihe weiterer hygienischer Einrichtungen, wie Wannenbäder, Frisiersalons, ein elektrisches Lichtbad usw. an Bord sind.

Die Dampfer »Reliance« und »Resolute« besitzen also alle Einrichtungen, die den Bordaufenthalt denkbar angenehm zu gestalten vermögen. Ganz besonders aber dürfte zu einem genußreichen Reiseverlauf beitragen, daß sich die Hamburg-Amerika Linie entschlossen hat, die Zahl der Teilnehmer an den Fjord- und Polarfahrten zu beschränken. Während die Schiffe in der regelmäßigen Fahrt je 1000 Passagiere befördern, nehmen sie auf den Nordlandreisen nur 500 Fahrgäste mit. Damit ist jede den Reisegenuß beeinträchtigende Überfüllung ausgeschaltet und allen Passagieren größte Bequemlichkeit und höchste Bewegungsfreiheit gesichert.[27]

27 Hamburg-Amerika Linie. Hapag Fjord- und Polarfahrten 1927. Hamburg 1926. Seite 8ff.

Die RESOLUTE 1928 auf einer Nordland-Kreuzfahrt. (Gemälde von E. Mercker. Deutsches Schiffahrtsmuseum)

Interieur der Dual-Purpose-Liner

Wohn- und Schlafraum der Staatszimmerflucht.

RESOLUTE und RELIANCE

Der Wintergarten

Die Schwimmhalle. Die heute so selbstverständlichen indoor und outdoor pools, zu deutsch Innen- oder Außenschwimmbäder, sind an Bord von Schiffen erst sehr spät heimisch geworden. Das hatte in erster Linie schiffbautechnische Gründe, weil die freien Wasseroberflächen in den Schwimmbecken ein Schiff im Extremfall zum Kentern bringen könnten; deswegen haben übrigens die Pools – besonders auf den oberen Decks – auch heute noch eher kleine Abmessungen. Das erste Schwimmbad auf einem Passagierschiff gab es erst 1911, tief unten im Bauch der OLYMPIC als Hallenbad ausgeführt. Die 14 500 BRT große CAP FINISTERRE der Hamburg-Süd erfreute ihre Fahrgäste 1911 mit dem ersten Außenschwimmbad, das auf den langen Reisen im tropischen Südatlantik als willkommener Luxus galt. (Zeitgen. Prospekt)

Cunard-Kreuzfahrer FRANCONIA, 20 158 BRT. Mit dem Schwesterschiff LACONIA führte die Cunard Line 1922–23 die ersten Weltreisen nach dem Ersten Weltkrieg aus.
(Zeitgen. Postkarte)

Schon in den 1920er Jahren griffen andere Reedereien diese Idee des Dual-Purpose-Liners auf, am konsequentesten zunächst die Schweden. Für die Svenska Amerika Linien lief 1928 die KUNGSHOLM vom Stapel, ein 20 000-Tonner, der ausdrücklich gleichermaßen für den Göteborg – New York-Dienst und für die weltweite Kreuzfahrt bestimmt war. In den 1930er Jahren richteten schließlich alle an Kreuzfahrten interessierten Reedereien ihre großen Linerneubauten nach diesem erfolgreichen Konzept ein.

Die gerade erwähnten Weltreisen hatte übrigens Hapag-Chef Albert Ballin schon seit 1898 fast Jahr für Jahr geplant, mußte sie aber wegen irgendwelcher Widrigkeiten stets wieder absagen, 1904/05 z.B. wegen des Russisch-japanischen Krieges. 1908 aber griff die amerikanische Touristikfirma Frank C. Clark die alten Hapag-Pläne auf und charterte den neuen 17 000 BRT großen Hapag-Dampfer CLEVELAND für zwei mehrmonatige Weltreisen. Mit 618 Fahrgästen verließ das Schiff am 15. Oktober 1909 New York und nahm Kurs durch das Mittelmeer nach Indien, Niederländisch-Indien und Ostasien und dann über Hawaii nach San Franzisko, wo das Schiff im Februar 1910 einlief. 21 Häfen hatten auf dem Programm der fast dreimonatigen Reise gestanden. Während ihres Aufenthalts in San Franzisko besichtigten an einem einzigen Tag 20 000 begeisterte Amerikaner die Gesellschaftsräume der CLEVELAND. Ehe sich die Hapag aber über den Gewinn aus dieser erfolgreichen Reise freuen konnte, mußte sie erst einmal bangen. Das Department of Commerce sah in dieser Weltreise eine nach amerikanischem Gesetz unzulässige Fahrt eines ausländischen Schiffes zwischen zwei US-Häfen und belegte die Hapag mit der damals drastischen Geldstrafe von 130 000 Dollar. Zum Glück und mit Recht schloß sich der Generalstaatsanwalt dieser Auffassung nicht an und hob die Strafe wieder auf.

Dreizehn Jahre später, am 21. November 1922, verließ die 19 680 BRT große LACONIA der Cunard Line in Charter der American Express Company New York zur ersten Nachkriegs-Weltreise, die am 30. März 1923 in New York endete. Cunard reklamiert diese Reise als erste Weltumrundung eines Kreuzfahrtschiffes. Wieso das, da wir diesen Superlativ doch gerade mit der CLEVELAND verbunden haben? Nun, dies ist ein gutes Beispiel dafür, wie man mit ein wenig Chuzpe längst von anderen vollbrachte Erstleistungen noch einmal erbringen kann und damit sogar Recht hat. Tatsächlich begann die LACONIA ihre Reise in New York und beendete sie nach vier Monaten in genau diesem Hafen. Die CLEVELAND war 1909 ebenfalls in New York abgefahren, dann allerdings in San Franzisko gelandet. Damals gab es nämlich den 1915 eröffneten Panamakanal noch nicht, durch den die LACONIA auf der letzten Etappe New York erreichte. Die CLEVELAND hätte damals drei bis vier Wochen lang Südamerika umschiffen müssen, was man sich aber schenkte und die Weltreisenden in San Franzisko in den Zug nach New York setzte. Übrigens, die ständige Erwähnung New Yorks als Ziel- und Abfahrthafen ist keineswegs Zufall: Diese Krönung der Luxuskreuzfahrt, die bis zu vier Monate dauernden Weltreisen, wären bis in die 1960er Jahre ohne die Superreichen aus God's own country gar nicht denkbar gewesen!

Eine Tasse Kaffee, serviert am Pool der ***MILWAUKEE***. *(Aus zeitgen. Prospekt)*

Abbildungen aus einem im Jugendstil gehaltenen Prospekt über die Schwesterschiffe CLEVELAND und CINCINNATI.

Passagierliste der Hapag-Weltreise 1911/12 mit dem 1909 gebauten, 16 960 BRT großen Dampfer CLEVELAND.

Kreuzfahrtprospekte aus den Jahren vor 1914, damals wie heute Vermittler von Vorfreude auf unbeschwerte Tage in fernen Ländern.

Werbeplakat für die Polarfahrten des Norddeutschen Lloyd 1913 mit dem 13 182 BRT großen Dampfer GROSSER KURFÜRST.

Die 14 690 BRT große GENERAL VON STEUBEN des Norddeutschen Lloyd 1938 auf Norwegen-Kreuzfahrt im Eidfjord. (Foto Hanns Tschira. Deutsches Schiffahrtsmuseum)

Der behagliche Rauchsalon des 16 754 BRT großen Hapag-Kreuzfahrtschiffs MILWAUKEE. (Aus zeitgen. Prospekt)

Prospekt für die Weltreise 1933 des 32 650 BRT großen italienischen Motorschiffs AUGUSTUS der Italia.

Auch in der Karibik stellten die Amerikaner naturgemäß die meisten Fahrgäste. Zwar schätzten auch die Europäer diese sonnige Region, eine Westindienkreuzfahrt von Europa aus war allerdings eine recht umständliche Angelegenheit. Sie setzte eine jeweils ca. zehntägige An- und Abreise über den Atlantik voraus, während der man zudem meist zweimal in New York umsteigen mußte, einmal aufs Kreuzfahrtschiff und vierzehn Tage später von diesem wieder auf den Transatlantikliner. Und das mit dem damals üblichen Reisegepäck! Wenn es also einen Europäer nach einer vierzehntägigen Karibikkreuzfahrt gelüstete, mußte der mindestens fünf Wochen Zeit zur Verfügung haben! Dazu kam dann oft noch die An- und Abreise zwischen dem Heimatort im Binnenland und dem Abfahrthafen. Für luxuriöse Karibikkreuzfahrten setzten die großen Atlantikreedereien – unter denen die europäischen weit überwogen – seit den 1890er Jahren ihre Schiffe in den Wintermonaten von New York aus ein. Sie schlugen damit die berühmten zwei Fliegen mit einer Klappe: Während in den rauhen Monaten Dezember bis März auf der Nordatlantikroute Flaute herrschte, hatte die Sonnenroute in die Karibik Hochsaison; und in den USA gab es immer genügend Reiche mit ihren Schönen, die dem tristen Winter auf südlichen Kursen entflohen.

Kreuzfahrten blieben auch nach dem Ersten Weltkrieg ein elitäres, weil teures Vergnügen. Das galt selbst für die außerordentlich preiswerten Touristenreisen auf den MONTE-Schiffen der Hamburg-Süd, die aber immerhin erstmals auch dem sogenannten kleinen Mann Kreuzfahrten ermöglichten. Dann war es ausgerechnet die schwerste Schiffahrtskrise aller Zeiten, die der Idee Kreuzfahrt einen neuen Schub vorwärts bescherte. Der Schwarze Freitag an der Wallstreet hatte im Oktober 1929 eine Flaute ausgelöst, die schließlich vier Jahre währen sollte. Ein Schiff nach dem anderen mußte außer Dienst gestellt oder verschrottet werden; die Leute hatten einfach kein Geld mehr, um über den Ozean zu reisen. In diesem Desaster fand die Kreuzfahrt ihre Chance. Britische Reeder arbeitsloser Liner boten schon 1930 billige Kreuzfahrten an, um ihre Schiffe nicht auflegen zu müssen. In der Hoffnung auf ein baldiges Ende der großen Flaute rechnete man folgendermaßen: Ein Schiff aufzulegen kostete Geld, und die eingespielten Besatzungen entlassen zu müssen, ergäbe Probleme bei der Wiederinfahrtsetzung der Schiffe, die man ja für die nahe Zukunft erhoffte. Da war es allemal besser, die Schiffe quasi zum Selbstkostenpreis auf Kreuzfahrt zu schicken. Dem Durchschnittsbürger, der von einer Kreuzfahrt sonst allenfalls träumen konnte, sollte es recht sein, und so war es *paradoxerweise eine weltweite Wirtschaftskrise, die dem Durchschnittsbürger den Weg über die Gangway der Liner ermöglichte.*[28]

Wenn wir zum Abschluß dieses Exkurses noch die NS-Organisation »Kraft durch Freude« ansprechen müssen, deren Reisen ja keineswegs den Luxuskriterien unseres Themas entsprechen, dann geschieht das wegen der 1938 bzw. 1939 in Dienst gestellten Neubauten WILHELM GUSTLOFF und ROBERT LEY, 25 484 und 27 288 BRT groß. Auf diesen Schiffen konnten zum ersten Mal 1 500 Kreuzfahrtpassagiere in gleichartigen Außenkabinen an übersichtlichen Gängen beherbergt werden. Alle Gesellschaftsräume lagen in großzügiger Anordnung auf den oberen Decks. Die beiden Schiffe gelten wegen dieser Einrichtungskriterien international quasi als Prototyp aller späteren großen Cruise Liner. Als reine Kreuzfahrtschiffe wurden sie in der Größe erst 1981 von der 33 819 BRT großen EUROPA übertroffen.

28 Lewis, Keith P.: The Cruising Liner. In: Sea Breezes. Jg. 1950. H. 2. Seite 83.

Vor der Abfahrt. Die Fahrgäste betreten das Schiff über die Gangway, während gleichzeitig ein Kran ihre Automobile an Bord hievt. (Zeitgen. Plakat. Deutsches Schiffahrtsmuseum)

III. 1926 bis 1941

Das goldene Zeitalter

Wer das grüne kristallene Feld
Pflügt mit des Schiffes eilendem Kiel,
Der vermählt sich das Glück,
Dem gehört die Welt.

Friedrich von Schiller

Die vor dem Ersten Weltkrieg in Schiffbau und Reederei zweitrangigen Italiener traten seit Anfang der 1920er Jahre mit Luxusschiffen hervor, die sie zunehmend auch auf eigenen Werften bauten und bei deren Einrichtung sie aus ihrer überreichen architektonischen Tradition schöpften. Hierbei zelebrierten sie ein Spektrum an Prachtentfaltung, das von der ergriffenen Bewunderung durch die meisten Fahrgäste bis zu harscher Ablehnung bei Fachleuten ein ganzes Spektrum von Reaktionen heraufbeschwor. Der bekannte deutsche Innenarchitekt Prof. Breuhaus de Groot schrieb 1929: *Italienische Schiffe, selbst die neuesten Schöpfungen aus den letzten Jahren, sind ein Beispiel an Geschmacklosigkeit.*[29] Da war er wieder, oder noch immer, der streitig ausgetragene Gegensatz zwischen dem hohen Anspruch der bildenden Künstler und den Reedereien, die diesen hehren Anspruch unter Hinweis auf den Publikumsgeschmack ignorierten. Jetzt nahm die Auseinandersetzung also sogar internationale Dimensionen an. Wie immer man auch dazu stehen mochte, die italienischen Schiffe fuhren erfolgreich, und allein diese Tatsache zählte.

Die Grande Nation bereicherte ihren seit dem 19. Jahrhundert praktizierten eigenen Weg in Schiffbau und Einrichtung weiterhin um speziell französische Nuancen. Mitte der 1920er Jahre leistete sie damit einen vielbeachteten Beitrag zum Beginn eines neuen Zeitalters. Als führende Reederei Frankreichs legte die Cie. Générale Transatlantique (CGT) gerade bei der Ausstattung der Gesellschaftsräume großen Wert darauf, sich von der Konkurrenz zu unterscheiden; schließlich waren die Wörter Eleganz und Interieur nicht zufällig französischen Ursprungs. Auf der FRANCE war das 1912 zum ersten Mal deutlich geworden, und schon der PARIS von 1922 konnte man einen durchaus eigenen Stil zusprechen. Dieses spezielle Kapital galt es beim nächsten Schiffsneubau noch intensiver einzusetzen, und außerdem hielt man es bei der CGT für an der Zeit, sich auch in der Schiffsgröße den bestehenden Superlativen anzunähern. Das Ergebnis dieser Überlegungen kam 1927 unter dem klangvollen Namen ILE DE FRANCE in Fahrt, und es konnte sich sehen lassen. 43 153 BRT maß das Schiff, 1 640 Passagiere fanden in vier Klassen Platz und wurden von 800 Besatzungsmitgliedern verwöhnt. Im 1 300 Quadratmeter großen und drei Decks hohen Speisesaal fanden 700 Passagiere an zahllosen Tischen für zwei bis sechs Personen Platz. Und ein weiteres Novum ist mit dem Namen ILE DE FRANCE verbunden: Erstmals auf einem großen Liner waren alle Kabinen der Ersten Klasse mit Badezimmern ausgestattet.

Doch beliebt und berühmt machte den neuen Luxusdampfer etwas ganz anderes, nämlich das Flair seiner Salons und das darin gelebte Laisser-faire. *Die »Ile de France« war schön, ohne großspurig zu sein, komfortabel, aber nicht überladen, klassenbewußt, doch ohne den Anspruch auf Klassendünkel. Warum sie die Begabten und die Jungen, die Stilbewußten und die Unangepaßten so unwiderstehlich anzog, hat genau aber niemand erklären können. Es kann auch niemand sagen, warum gerade diesem Schiff, das weder besser noch größer als ein Dutzend anderer auf dem Atlantik war, eine so beispiellose Zuneigung und Anhänglichkeit galt.*[30] Diese Beurteilung durch den amerikanischen Schriftsteller und Schöngeist John Malcolm Brinnin aus dem Jahr 1988 hatte vierzig Jahre zuvor der bereits zitierte Professor Breuhaus de Groot vorweggenommen, allerdings weniger charmant: *Die »Ile de France«, das vielbesprochenste Schiff der letzten Jahre, ist ein Gemisch von Jugendstil … mit einer Kreuzung moder-*

29 Breuhaus, F. A.: Richtlinien für die Passagiereinrichtungen moderner Schnelldampfer. In: Hansa. Jg. 1929, Seite 367.

30 Brinnin, John Malcolm, und Kenneth Gaulin: Grand Hotels der Meere. München 1988. Seite 118.

nen deutschen Stils, der unter dem Namen French-style in Amerika seinen Einzug gehalten hat.[31] Nur das *gutdimensionierte Haupttreppenhaus* ließ Breuhaus gelten. Ein vielgereister, seebefahrener Chronist des Lebens an Bord von Passagierschiffen, der Amerikaner John Maxtone-Graham, nannte die ILE DE FRANCE die *große Wegscheide, von der aus die Architekten der Ozeanliner nach vorn strebten statt sich an Vergangenem zu orientieren. ... Eine neue Ära hatte begonnen, die Ära des Dampferstils.*[32] Hart im Raume also stießen sich die Geister. Sicher haben Breuhaus und Brinnin als Architekturkritiker recht, doch ebenso sicher ist in diesem Fall die geschäftsbestimmende Meinung der zahlenden Passagiere die maßgebendere. Und unter denen gab und gibt es zweifellos immer eine genügend große Zahl von Anhängern der speziell französischen Lebensart der Bohèmiens.

Decksszene vor der Laube eines Dampfers der French Line, wie sich die Cie. Générale Transatlantique in englischsprachigen Werbedrucksachen gern und werbewirksam bezeichnete.

Die große Wegscheide, von deren Zeitpunkt an eine neue Ära gerechnet wurde, markierte aber zweifellos das Erscheinen der Schnelldampfer BREMEN und EUROPA in den Jahren 1929/30. Waren auf der ILE DE FRANCE bemerkenswerte Ansätze einer neuen Innenarchitektur in einer althergekommenen – um nicht zu sagen altmodischen – Schiffsform verwirklicht worden, so erschienen die neuen deutschen Schnelldampfer geradezu als eine Inkarnation der Moderne. Äußerlich manifestierte sich das in einer nie dagewesenen, vollendeten, fast futuristischen Stromlinienform. Innenarchitektonisch reflektierte die BREMEN das in die Zukunft orientierte Nachkriegslebensgefühl der »goldenen Zwanziger«, während die EUROPA mit zeitlos gediegener Klassik brillierte. Internationale Anerkennung fand auch das klare und übersichtlich gegliederte, zweckmäßige Layout der Decks und die Einrichtung der Kabinen; in der Ersten Klasse waren z.B. – wie seit der ILE DE FRANCE selbstverständlich – sämtliche Kabinen mit Bad bzw. Dusche und WC ausgestattet. Und nicht zuletzt machte die zeitgemäß fortschrittliche Antriebstechnik beide Schiffe zu den schnellsten auf den Meeren. Auf Anhieb überzeugten BREMEN und EUROPA das internationale Reisepublikum, ihre Attraktivität sicherte ihnen selbst während der – zeitgleich mit beiden Schiffen heraufgezogenen – verheerenden Weltwirtschaftkrise der Jahre 1929-1933 vordere Plätze.

In diesen Jahren zwischen den beiden Weltkriegen erreichte die Reisekultur zur See ihre glanzvollste Zeit. Niemals vorher und niemals wieder bildeten so viele erstklassige Luxusschiffe schwimmende, interkontinentale Brücken zwischen allen Erdteilen. Der Luftverkehr spielte damals in der überseeischen Personenbeförderung noch keine Rolle, daran änderten weder die Zeppeline noch die ersten transatlantischen Flugzeuge Ende der 1930er Jahre etwas. Schiffe waren damals das einzige Verkehrsmittel für die Überquerung der Weltmeere. Gleichzeitig bildete sich durch die internationale Kultur- und Zivilisationsrevolution jener 1920er und 30er Jahre eine völlig neue Zusammensetzung des Reisepublikums heraus. Man vergegenwärtige sich, wer und was damals alles den Siegeszug um die Welt antrat – in einer vor 1914 nicht für möglich gehaltenen Weise. Technik und Wirtschaft operierten zunehmend international, ihre Produkte, wie Autos oder Haushaltsgeräte, begannen in aller Welt das Leben der Menschen zu revolutionieren. Die millionenschweren Bosse der großen Konzerne – und ihre gutbezahlten Manager und Strategen – waren ständige Gäste auf den großen Linern.

Auf dem Gebiet der Kultur waren es vor allem der Film, den es bald auch als Tonfilm gab, und der populäre Tonträger Schallplatte. Beide Medien sorgten für eine quasi Allgegenwärtigkeit von Künstlern aller Art

31 Breuhaus, F.A.: Richtlinien für die Passagiereinrichtungen moderner Schnelldampfer. In: Hansa. Jg. 1929, Seite 367 f.

32 John Maxtone- Graham, zit. bei: William H. Miller: The Fabulous Interiors of the Great Ocean Liners. New York, 1985. Seite 42

auf den Decks der Atlantikschnelldampfer. Als wirkungsvoller Multiplikator dieser Entwicklung erwies sich der alle Gesellschaftsschichten erreichende Rundfunk, der – zum ersten Mal in der Geschichte! – jedermann zum unmittelbaren Zeitzeugen der Weltgeschichte werden ließ. Politiker, Wirtschaftsbosse, Sportskanonen und Wissenschaftler besuchten aus verschiedensten Anlässen die Hauptstädte der Welt, und ihre Namen waren in aller Munde. Der durch die Medien gesteigerte Ruhm von Schauspielern, Regisseuren, bildenden Künstlern oder Schriftstellern führte diese immer öfter zu Gastspielen oder Veranstaltungen in alle Welt. Daneben gab es noch zwei weitere wichtige Kategorien von Reisenden, die man stets auf den Schiffen antreffen konnte: den internationalen Adel und die reichen Snobs. Für alle genannten Kreise war das Schiff damals der einzige Weg zum Ziel.

Diese Tatsache gab den Passagieren auf den Luxusschiffen die Chance, mit den Großen der Welt die Gesellschaftsräume zu teilen, sie im Speisesaal zu Nachbarn zu haben oder an Deck gar einen Gruß mit ihnen zu tauschen. Wo war das wohl sonst möglich! Die Reedereien der Superliner bezogen das durchaus in ihre Werbung ein, wie nachfolgend z.B. der Norddeutsche Lloyd:

Es gibt ein Paris, Berlin, London, New York. Es gibt ein Florida, Hawaii, Bermuda, Ägypten, die Riviera, Baden-Baden, San Sebastian. Aber wo ist der Brennpunkt, wo finden Sie die Gesellschaft von allen Plätzen vereint? Wo treffen Sie die großen Geschäftsleute, die Köpfe der Wissenschaft, die Sterne der Bühnen, des Films, die Sportleute der Welt? Wo geben sich die großen Namen des Tages, die anspruchsvollen Reisenden – »discriminating Travellers«, wie der Amerikaner sagt – ihr Stelldichein? Mitten auf dem Ozean, dort ist der Platz, wo die Welt sich trifft. Wer auf seinen Reisen den interessantesten Menschen oder den schönsten Frauen der Welt begegnen möchte, wählt die »Bremen« oder »Europa«. Zu einem bunten Querschnitt der großen Welt paaren sich für einige kurzweilige Tage Eleganz und Geist und schaffen durch den reizvollen Gegensatz ihrer Lebensgebiete und ihrer Herkunft jenes Gefühl lebensbejahenden Geistes, welches man niemals künstlich herbeiführen kann, sondern das eben vorhanden sein muß, um sich von selbst auf alle Passagiere zu übertragen.[33]

Ein zeitgenössischer Ratgeber in Sachen Schiffsreisen gewährt uns einen umfassenden Einblick in das gesamte Drum und Dran einer Schiffsreise Anfang der 1930er Jahre. Unter dem Titel *Ein Baedeker für Ozeanreisende* faßt der Journalist und Globetrotter Johnny Singer seine Erfahrungen und Ratschläge im saloppen journalistischen Stil seiner Zeit zusammen:

Wenn eine Landratte ans Meer kommt und die salzige Brise schnuppert, bekommt sie Sehnsucht nach der Weite. Wenn wir die Prospekte der Schiffahrtsgesellschaften durchblättern, faßt uns die Reiselust wie eine Krankheit ... »Drüben steht Amerika«, zerrender Marter-Refrain, ewiger Wunschtraum für den Künstler, Geschäftsmann, Abenteurer, für die Jugend beiderlei Geschlechts auf der Ausschau nach dem Sprungbrett in ein zukunftsreicheres Leben. »DRÜBEN« ...

Dem Novizen, der die Planken eines Ozeanliners betritt, öffnet sich eine neue Welt voller Schwierigkeiten, Zweifel und Fragezeichen. Mit welcher Linie, welchem Schiff soll er fahren? Was kostet der Spaß? Was braucht man an Papieren, an Gepäck?

Für den Deutschen ist es fast patriotische Pflicht, eine einheimische Linie zu wählen; selbst für den Anspruchsvollsten darf der Hinweis auf das Essen der Cunardline,

33 Königinnen der Meere. S.S. BREMEN S.S. EUROPA. Berlin o.J. (1930). Seite 5.

auf den Luxus der »Ile de France«, auf die Frauen an Bord der »Majestic« nicht mehr als Entschuldigung gelten, seit es die »Bremen« und »Europa« gibt, die sich an Schnelligkeit, Komfort, Küche und Bedienung den Crack-Schiffen des Atlantik ebenbürtig an die Seite stellen.

Als Crack-Schiffe gelten solche, die von Kanalhäfen aus innerhalb von fünfeinhalb Tagen New York erreichen, also die »Bremen« und »Europa« des Norddeutschen Lloyd, die »Aquitania«, »Berengaria« (früher »Imperator«), und »Mauretania« der Cunard, die »Majestic« (ehemals »Bismarck«) und »Olympic« der White Star, die »Ile de France« der Compagnie Générale Transatlantique, der »Leviathan« (früher »Vaterland«) der U.S. Lines. Auf den Werften ... liegen bereits neue Superschiffe im Bau, die angeblich in vier Tagen den Run von Cherbourg nach New York machen sollen.

Jedes Schiff hat sein Cachet: Die Jeunesse dorée Amerikas bevorzugt die »Berengaria«, der »Leviathan« ist »trocken« und befördert neben seiner Stammkundschaft aus Westend Avenue vor allem (auf Regierungskosten) Senatoren auf Urlaub, »Augustus« und »Roma« bringen ihre regelmäßige Quote von Chicago-Millionären nach Italien, die »de Grasse« ist das Lieblingsschiff aller Schriftsteller, Sänger und Bohèmiens, die »Majestic« das Spezialboot aller Hollywood-Stars und Broadwaygrößen, die »Ile de France« ist traditionell für Kunsthändler und französische Aristokratie, italienische Schiffe sind berühmt für ihre Orchester, »Alphonse XVIII« und »Manuel Arnus« der Spanish Mail für ihre luxuriöse Ausstattung; die »Mauretania«, das unbestrittene Lieblingskind aller Ozeanfahrer, führt den besten Kaviar, das beste Geflügel, die besten Weine; die »Paris« ist für die Anknüpfung galanter Beziehungen das Schiff ohnegleichen; die »Resolute« der Hapag und die »Belgenland« der Red Star sind die unerreichten Schiffe für Weltrundfahrten. »Bremen« und »Europa«, die neuen, schnellsten und komfortabelsten sind dabei, sich einen glänzenden Ruf auf allen Gebieten zu schaffen.

Schon bei der Auswahl des Schiffes beginnt also die Qual der Wahl, die durch die Kostenfrage noch erhöht wird. Die Crack-Schiffe haben ungefähr 300 Dollar als Minimum-Fahrpreis, der in der ruhigen Reisezeit auf etwa 270 zurückgeht, in der Hochsaison auf 380 hinaufschnellt. Einzelkabinen sind in der Hochsaison kaum unter 450 Dollar zu haben, mit Bad nicht unter 500 Dollar. Etwas billiger sind die Innenkabinen; wie der Name sagt, ohne Fenster. Diese haben im Winter den Vorteil, daß sie wärmer sind und im allgemeinen den Vorteil größerer Stabilität bei unruhiger See.

Das Schiff ist in Decks eingeteilt; das oberste ist Deck A. Je höher oben die Kabine, desto teurer die Passage. Auf den Decks A und B befinden sich auch die Luxuskabinen, abgeschlossene Appartements mit Salon, Bad, Speisezimmer, Privatbalkon über dem Deck. Preise von 3 000 Dollar aufwärts. Eine Doppelkabine 1. Klasse mit Bad kostet 700 bis 1 000 Dollar, mit Brausebad etwa 100 Dollar weniger. Innenkabinen sind etwa 20 Prozent billiger.

C-Deck ist ausgezeichnet und das stabilste Stockwerk zum Wohnen. Man hat hier nur noch Bullaugen. Daher ist es hier eine Idee billiger, aber immer noch erster Klasse, 300 Dollar und darüber. Die Preise der 2. Klasse bewegen sich zwischen 200 und 150 Dollar, je nachdem, wie tief im Schiffbauch man wohnt. Unterhalb des D- und E-Decks gibt's weitere für die 3. Klasse, darunter für die Mannschaft, noch tiefer für Fracht, Post und Proviant.

Die obigen Preisstufen verstehen sich für die »Cracks«,daneben gibt es ausgezeichnete Schiffe mit erster Klasse zu 200 bis 350 Dollar, und entsprechend billiger in den unteren Klassen; Fahrzeit allerdings einige Tage länger. Sehr praktisch ist die Einheitsklasse, noch billiger »Tourist third«, diese ausgezeichnete Akkommodation, die die U.S. Lines vor einigen Jahren eingeführt haben, um sich für den Ausfall der Emigranten einen neuen Stamm von Kundschaft zu ziehen: Studenten, Angestellte, Mittelstands-Touristen, die hier für 250 Dollar hin- und zurückfahren können. Die »Tourist third« ist seitdem von fast allen europäischen Linien eingeführt worden; Unterkunft und Verpflegung sind gut. Oft ist es »down third« amüsanter als in der ersten Klasse.

Man vergleiche dieses Foto der COLUMBUS mit dem Gemälde auf S. 78/79. (Foto Hanns Tschira. Deutsches Schiffahrtsmuseum)

Eine ganze Reihe der besten deutschen Schiffe führt »Einheits-« oder »Kabinenklasse«; hier hat man, zum Preis der zweiten Klasse, auf den »Cracks« alles, was das Herz begehrt, Komfort, gutes Essen, nette Gesellschaft, Musik, Tanz, Kino – und das ganze Schiff für sich, während die großen Schnelldampfer zu Dreivierteln der ersten Klasse gehören, und der Passagier zweiter Klasse ein Paria ist, dem der Zutritt zu den Gesellschaftsräumen und Veranstaltungen der ersten Klasse verwehrt ist. Der Fahrpreis auf all diesen Schiffen bewegt sich von 190 bis herunter zu 125 Dollar. Selbstverständlich brauchen diese Boote zwei bis vier Tage länger über den Atlantik, jedoch, wenn man Zeit hat, ist es fast ratsamer, ein langsameres Boot zu benützen.

Es gibt Sommer-, Winter- und Zwischenfahrpreise. Am billigsten fährt man amerikawärts zwischen 1. November und 30. Juni; europawärts zwischen 1. September und 31. März. Am höchsten stehen die Preise europawärts vom 15. Mai bis 15. Juli; amerikawärts vom 15. August bis 15. Oktober. Dies sind die Flutzeiten der amerikanischen Touristenwelle. Überfahrten im Winter sind meist langweilig. Um diese Zeit fahren nur Geschäftsleute ... Mai und Juni, September und Oktober sind die Monate, in denen die fashionable Welt den Ozean kreuzt. Da gibt's die entzückenden supper-parties in den Luxus-Appartements, die großen Feste, die intimen Einladungen und Whoopee auf allen Decks.

Hat man sich also für den Zeitpunkt seiner Abreise und für das Schiff entschieden, so bucht man die Passage, lange im voraus, wenn man eine gute Kabine haben will. Was ist eine gute Kabine? Vorzugsweise auf dem B- oder C-Deck, Außenkabine, möglichst in der Mitte der Schiffslänge. Sie soll nicht am Lift oder Treppenhaus gelegen sein, ebensowenig wie am Servierbüffet oder Speisenaufzug (Tellergeklapper, Speisengeruch). Falls man kein Bad hat, sollte sie nahe den Bädern und Toiletten sein, aber nicht zu nahe oder gar gegenüber (nächtliches Türenklappern). Außenkabinen unter dem Promenadendeck sind nicht gut, da es stets Marathon-Deckwanderer gibt, die z.B. um fünf Uhr morgens zwölfmal ums Deck rasen. Das Promenadendeck ist gewöhnlich auf A, bei der »Bremen« oberhalb A. Es gibt auf A und B stets einige Kabinen in der Schiffshaut mit freiem Blick aufs Meer. Diese sind die gesuchtesten.

Gewöhnlich hat man 25 Prozent des Fahrpreises zur Buchung der Passage anzuzahlen. Der Rest ist zahlbar drei Wochen vor Abreise, oder am Vorabend des Schiffsabgangs, falls man der Linie als kreditfähig bekannt ist. Kann man nicht fahren, so bekommt man seine Angabe zurück, falls man die Kabine drei Wochen vor Schiffsabgang frei gibt, andernfalls nur, wenn die Kabine weiterverkauft wird.

Ist die Passage gebucht, steigt ein neues Problem auf: das Gepäck. Zweckmäßigerweise packt man einen Kabinenkoffer (der unter dem Bett Platz hat) mit Sachen, die man an Bord braucht, dazu einen Handkoffer. Alle voluminösen Stücke kommen in den Gepäckraum, zu dem man jederzeit während der Reise Zutritt hat. Was braucht man an Bord? Sehr einfach: alles, was man zu einem siebentägigen Aufenthalt in einem Hotel desjenigen Ranges braucht, das der entsprechenden Schiffsklasse entspricht. Außerdem: warme Unterwäsche, Mäntel, Sweater, Schals, Mütze, Reisedecke, Plusfours, weiße Flanellhosen, weiße Schuhe, Schwimmanzug, Maskenkostüm. Den Frack braucht man nur auf der »Majestic«, der »Ile de France« und den drei großen Cunard-Booten. Bringst du nicht alles in die zwei für die Kabine disponierten Koffer, so klebe auf deinen Schrankkoffer ein Etikett: »Wanted on voyage«. Du findest ihn sodann vor deiner Kabinentür. Das mit »Hold« etikettierte Gepäck verschwindet im Schiffbauch. Wer bei der Ankunft nicht stundenlang aufs große Gepäck warten will, wird schlauerweise alles mit »Wanted« etikettieren.

In Extrazügen (boat trains) bringen die Gesellschaften ihre Passagiere an die Einschiffungshäfen, nachdem das große Gepäck bereits ein bis zwei Tage vorher von der Schiffahrtslinie hingebracht wurde. Am Bootszug in der Gare St. Lazare in Paris beginnt bereits Amerika mit allen untrüglichen Zeichen des Reichtums: die Gepäckträger rollen Handkarren voll Orchideen an die Abteilfenster alleinreisender sweethearts, Juwelenköfferchen und edle Schoßhündchen werden sorgsam verstaut, Nursen in weißen Mützchen und Krägelchen eskortieren die jüngste Generation der Globetrotter ins Coupé; da ist eine verwirrende Fülle von Nerz- und Zobelmänteln; Gebirge von Koffern; Blumenduft, kostbare Parfums und haut gout einer kosmopolitischen Menge; Berühmtheiten vor Magnesiumlichtern und surrenden Filmkameras – eine nervös plätschernde Welle von »farewell«, »au revoir«, »so long« - Lachen und Küssen ...

In Europa geht man im Reisedress an Bord, in Amerika hingegen, wo die Schnelldampfer um Mitternacht auslaufen, gilt es als smart, nach dem Dinner in der Stadt im Abendanzug und großer Toilette an Bord zu kommen und seinen Freunden eine Abschiedsparty in der Kabine zu geben. Den »Stoff« hierzu bringt man selbst mit.

Wenn du an Bord bist, erkundige dich beim Gepäckmeister, ob deine großen Koffer da sind. Das Kabinengepäck verstaut dein Steward; falls hohe See ist, laß es anseilen. Packe nicht aus, ehe das Schiff fährt, der Kabinensteward besorgt es ohnehin für dich. Schließe die Kabine ab; die Gesellschaft haftet nicht für Diebstähle, während das Schiff im Hafen liegt. Unterwegs besteht kaum eine Diebstahlsgefahr, Juwelen und andere Wertsachen gibt man natürlich dem Zahlmeister in Verwahrung.

Dann mußt du dir beim Decksteward einen Deckstuhl für 2.50 Dollar und eine Decke für 1.50 Dollar reservieren. Selbstverständlich machst du das sofort, damit du einen guten Platz bekommst, in windgeschützter Position auf der Sonnenseite, also Steuerbord europawärts, Backbord amerikawärts. Ein Erfahrener mietet sich zwei Deckstühle: einen zum Lesen und für tête-à-têtes an einem ungestörten Winkel des Sonnendecks, außerdem einen Korsositz an der Lästerallee des Promenadendecks, von dem aus er die vormittägliche Eleganzparade abnehmen kann. – Ebenso wichtig ist ein frühes Interview mit dem Badesteward, falls du nicht dein eigenes Bad hast. Zwanzig Minuten täglich steht dir das Bad zur Verfügung. Bedenke, daß auf einer Ostwärtsreise die Uhr jeden Tag eine Stunde vorgestellt wird, so daß du jeden Tag eine Stunde Schlaf verlierst, falls du nicht so schlau bist, deine Badezeit gestaffelt zu nehmen, also z.B. um 7.30 am ersten Tag, um 8 am zweiten,

um 8.30 am dritten usw. Umgekehrt auf einer Reise westwärts.

Nun kommt das Wichtigste: dein Sitz zu den Mahlzeiten. Bist du zur Seekrankheit geneigt, so wirst du die ersten zwei Tage in deiner Kabine oder deinem Deckstuhl essen. Auch gibt es auf den Schnelldampfern ein ausgezeichnetes Restaurant à la carte. Ißt man ständig dort, bekommt man 25 Dollar vom Fahrpreis vergütet. Oder aber du nimmst alle Mahlzeiten im Speisesaal. Im Speisesaal der großen Schnelldampfer sind die begehrtesten Tische auf der Estrade. Hier sitzt die Elite der Passagiere, soweit sie nicht in ihren Luxus-Appartements speist. Eine »Besprechung« des Oberstewards mittels einer Fünfdollarnote mag dir dazu verhelfen, falls du dich frühzeitig bemühst. Fährt das Schiff untertags aus, so zieht man sich zum ersten Dinner nicht um – das heißt, Provinzler erscheinen dazu im Smoking, der Erfahrene natürlich in dem Anzug, in dem er an Bord gekommen ist.

Nun bist du installiert, alles ist erledigt, die Ankerketten rasseln – da, nun kommt das nächste Problem, du hattest es im nervösen Gehetze der ersten Stunde an Bord ganz vergessen; jetzt aber grinst es grüngesichtig über die Reling und drosselt deinen Magen. Wirst du seekrank??? Ignoriere zunächst die Drohung, oder aber beuge vor: »Mothersills« ist das Standardmittel, es gibt andere nach Dutzenden. Starker Kaffee vor der Abreise hilft manchem, Champagner den meisten. Anderer Alkohol ist schädlich. Bleibe womöglich an der frischen Luft, vermeide den stickigen Rauchsalon, die Bar, den Speisesaal. Ruhig im Deckstuhl liegend, in warme Decken gepackt, kommt man am leichtesten darüber hinweg. Eine Zitronenschnitte im Mund ist angenehm. Überlade dir während des ersten Tages den Magen nicht, iß leicht Verdauliches; aber faste nicht ... Nach 24 Stunden hat sich der Magen an die Bewegung gewöhnt, oder er gewöhnt sich nie daran. Der Schiffsarzt steht dir gratis zur Verfügung, kann aber meist wenig tun.

Außer den drei Hauptmahlzeiten servieren die Schiffe ihren Passagieren an elf Uhr an Deck die Bouillon mit Sandwichs oder Schokolade, um fünf Uhr Tee mit Musik, anschließend Kino. Die Verpflegung an Bord ist traditionell gut und reichhaltig, meist des Guten zu viel. Mehr Leute werden vom Ansturm der Gänseleberpasteten und Crêpes Suzette seekrank als vom Wellengang.

Tanz spielt im Bordleben eine noch größere Rolle als an Land. Ausgezeichnete Orchester spielen nachmittags in der Teehalle, abends im Restaurant, im Ballsaal und im Nachtlokal. Bei bewegter See empfiehlt sich Vorsicht beim Tanzen. Hier sei nebenbei auch jener Neuling verwarnt, der bei hohem Seegang, um anderen seine Seefestigkeit zu demonstrieren, ohne Hilfe der Laufseile die Korridore und Decks entlangwandert und dann mit gebrochenen Armen oder Beinen aufgelesen werden muß.

Deckssports füllen meist den Vormittag. Shuffleboard, Decktennis, Deckgolf sind die beliebtesten, das Schwimmbassin vereinigt gegen elf Uhr das smarte Set. Obwohl Hazardspiele offiziell verboten sind, werden sie auf Schiffen viel gespielt. Für den Novizen empfiehlt sich Vorsicht bei der Auswahl seiner Partner, es gibt Hunderte von »Ozeanhaien«, die auf ihn lauern. Vorsicht vor allem vor schönen Frauen in dieser Berufsklasse, die die Opfer zuschleppen. Manch einer dieser »Ocean Vamps« reist im Luxusappartement, kreuzt jährlich mehrmals den Ozean, lebt die übrige Zeit glänzend vom Erträgnis seiner Beutezüge. Manch Amoureuser, der da glaubte, eine Millionenerbin gefischt zu haben, wurde schmerzhaft seiner Illusionen und seines Geldes ledig. Wehe dem Armen, der die Einladung in ihre Kabine annimmt. Skandal ist ihm sicher, falls er nicht vorzieht, sich mit einem fetten Scheck loszukaufen. – Das Pool bietet eine harmlosere Gelegenheit, sein Geld zu verlieren. Es ist eine Wette auf die täglich zurückgelegte Meilenzahl. Man trägt sich bei Reisebeginn als Teilnehmer ein, beim Barmixer im Rauchsalon. Die Wetteinsätze sind meist von fünf bis tausend Dollar gestaffelt.

Die Bar ist, wie an Land auch, das Hauptquartier der Junggesellen, Spieler und Wetter. Als Kuriosum sei vermerkt, daß es auch hier eine Polizeistunde gibt, nach

ein Uhr nachts soll kein Alkohol verabreicht werden. Auf englischen Schiffen behilft man sich damit, daß man fünf Minuten vor eins den Vorrat für die ganze Nacht an den Tisch bringen läßt. Auf deutschen Schiffen hält man sich nicht so streng an den Buchstaben, auf französischen Schnelldampfern gibt's sogar unten im Schiffsbauch eine »Montmartre«-Bar, die sich einer zahlreichen Clientéle auftut, wenn die solideren Lokale »oben« schließen.

Am letzten Abend steigt das »Captain's Dinner«, die große Abschiedsgala, meist mit einer Sammlung für Seemannswaisen verknüpft. Den Erträgnissen dieser Sammlung nach zu schließen, muß jede Seemannswaise eine reich dotierte Partie sein.

Ehe wir landen, müssen wir uns noch mit dem etwas prosaischeren Kapitel der Trinkgelder beschäftigen; ein Stein, über den der Novize allzuleicht stolpert. Gib Trinkgelder erst am Ende der Reise. Sei nicht schofel. Laß dich von vornherein nicht wie ein Pascha bedienen, wenn du nicht vorhast, es entsprechend zu belohnen. Falls man eine Einzelkabine hat, gibt man 7.50 Dollar. Die 2 Dollar des Badestewards gehen ebenfalls an den Kabinensteward, falls man ein eigenes Bad hat. Nimmt man seine Mahlzeiten teilweise in der Kabine oder auf Deck ein, so kürzt man das Trinkgeld des Tischkellners und ergänzt beim Kabinen- bzw. Decksteward. Badestewards und Schuhputzer werden ungerechterweise oft »vergessen«. Für ein in gemeinsamer Kabine reisendes Ehepaar sind die eineinhalbfachen Sätze angebracht. Falls du in deiner Kabine seekrank warst, so belohne den Steward bzw. die Stewardeß für die Extraarbeit. Falls du mit einem Hund reist (der auf dem Achterdeck sehr hübsch im Kennel untergebracht ist), so gib dem Schiffsmetzger eine Kleinigkeit fürs Füttern. Für Reisen nach Südamerika oder Indien gelten die gleichen Sätze, für Reisen nach Ostasien oder vierwöchige Mittelmeerfahrten das doppelte. Auf Weltreisen gibt man die Trinkgelder allwöchentlich. Als Basis gilt hier: Kabinensteward und Tischsteward je 50 Cents (zwei Mark) pro Tag pro Person..[34]

Dieser kurzweiligen Gebrauchsanweisung eines leicht snobistischen Globetrotters für die internationale Passagierschiffahrt aus dem Jahr 1930 soll der literarisch geschliffene Bericht der österreichischen Journalistin Ann Tizian Leitich aus dem gleichen Jahr über die Jungfernreise des Schnelldampfers EUROPA folgen. Sie setzt den belehrenden Ausführungen Johnny Singers eine sympathische weibliche Sicht der Dinge aus der Perspektive des Passagiers entgegen. Beide Zeitzeugen zusammen überliefern eindrucksvoll, wie es auf dem Höhepunkt der Schnelldampferepoche in den 1930er Jahren an Bord der EUROPA und anderer Schiffe zuging.

Die Jungfernfahrt

Acht anstürmende Spezialzüge schütten Menschenfrachten über den Kolumbus-Kai in Bremerhaven; Träger springen herzu, entreißen den Waggons buntbezetteltes Handgepäck; türmen es auf kleine Karren. Menschen strömen; Musik fällt zwischen sie, klirrend hell; hoch über ihren Häuptern balancieren große schwarze Koffer im Fangarm des Riesenkrans, senken sich nieder auf das Deck des Dampfers. Der Himmel ist taubenblau und tief überm Meer; das Meer brütet, gestern wogte es und heute hält es den Atem an; niemand kann sagen, was es morgen tun wird.

56 000 Tonnen schwer, 286 Meter lang liegt das Schiff am Kai; steigt mit neun Decks, mit dunklen Bullaugen, blinkenden Fenstern und weißen Wandelgängen wolkenkratzerhoch. Vier Landungsbrücken schweben über dem Wasser, Menschen schieben sich darüber. Zögernd setzen die einen den Fuß aufs Deck, noch einmal sich umsehend, wie angstvoll gewärtig, daß der Bretterboden des Schiffes unter ihren Sohlen entgleite; andere betreten ihn festen Schrittes, nehmen von ihm Besitz wie von einem Wirklichkeit gewordenen Traum. Filmkameras klicken, Kodaks schnappen; Winken, Lachen, Abschiedstränen. Die »Europa« des Norddeutschen Lloyd fährt aus, Schwesterschiff der »Bremen«; fährt zum ersten Mal von Bremerhaven nach Neuyork, am 15. März 1930, mit über 1600 Passagieren; eine Rekordzahl für diese Zeit im transatlantischen Verkehr.

Die Passagiere sind längst eingeschifft; schon ist die Trompete zum dritten Mal erklungen, die alle Begleiter und fremden Besucher vom Dampfer ruft; ein Trupp Matrosen löst die schweren Trossen.

34 Singer, Johnny: Ein Baedeker für Ozeanreisende. In: Das Magazin. März 1930. S. 4533-73.

Wer im peruanischen Hafen Mollendo an Land gehen wollte, mußte es auf diese Art tun. Der große und schnell wechselnde Tidenhub läßt kaum eine Alternative zu. (Foto Hanns Tschira. Deutsches Schiffahrtsmuseum)

Ein Uhr dreißig, es wird Ernst. Ein Zittern geht durch den ungeheuren Leib des Schiffes. Das hochbetonierte Ufer mit der vielreihigen Front schwarzer Menschen gleitet zurück; die Schiffskapelle spielt »Muß i denn, muß i denn zum Städtle hinaus -«. Neben mir sagt, über die Reling gebeugt, gedankenvoll ein Amerikaner, auf amerikanisch: »Man kann die Deutschen nicht schlagen; je tiefer sie unten sind, desto höher kommen sie hinauf«!

Tischkarte für
Seat at Table allotted to
Tisch Nr. 27
Number of Table
Platz Nr.
Number of Chair
516

Der erste Lunch

Es ist kaum Zeit, sich ein wenig in der Kabine umzuschauen, die für sechs Tage unser Wohnplatz sein soll; schon ruft der Bläser zum Lunch. Es wird, gleich dem ersten Diner, wenn das Schiff nachmittags ausfährt, noch im Reiseanzug eingenommen, in dem wir an Bord kamen. Unweigerlich macht der schon den ersten Fauxpas, der dagegen verstößt. Spreu ist überhaupt jetzt bald vom Weizen deutlich unterscheidbar, nämlich die Neulinge von den Fahrt-Weisen. Diese wissen, daß sie sich vor allem beim Obersteward melden müssen, der ihnen den Tischplatz anweist; ein guter Tischplatz mit drei oder vier angenehmen Menschen mag unendlich zum Behagen einer Reise beitragen – und umgekehrt. Bei Tisch werden wir die ersten Bekanntschaften machen; wir wollen sie doch möglichst interessant haben. Ach, interessant – wenn der Obersteward alle Wünsche erfüllen sollte, er müßte Gottvater in Person sein. Aber selbst er muß manchmal zugeben, daß dessen Macht – wenn nicht um vieles, so doch um einiges – größer ist als die seinige. In tiefes Überlegen versunken sitzt er vor seinem Diagramm, auf dem er die Menschen mit Fähnchen an den Tischen des Speisesaals unterbringt, während es Anliegen auf ihn niederhagelt, im Flüsterton, im Befehlston. »Ein Tisch ohne Damen, bitte!« Der brave Ehemann hat es der daheim gebliebenen Gattin versprechen müssen; heute noch wird er seine Folgsamkeit bereuen. »Alles, nur keine Engländerin über fünfzig!« Die Schlimmsten sind die, die sich hoffend auf den Zufall verlassen, denn zehn zu eins kommen sie nachher sich beklagen.

Die Läster-Allee

Diesen ersten Tag ist es ein allgemeines Mustern, ein kühles Aneinander-Vorüberlaufen, ein geheimes Inspizieren, Ab- und Einschätzen, ein Rekognoszieren treppauf und treppab, liftauf und liftab, an Hunderten von neuen Menschengesichtern vorbei. In den herrlichen Gesellschaftsräumen der ersten Klasse duftet es wie in einem Frühlingshain; Narzissen, Märzbecher, Anemonen und Rhododendren säumen die Rampen des Empfangsraumes, träumen in der großen, hohen Halle, lächeln um die Palmen des Wintergartens, durch

Für die Quarantäneuntersuchung wird vor New York Anker geworfen. Blick über das Vorschiff der BREMEN auf die AQUITANIA der Cunard Line. (Foto Hanns Tschira. Deutsches Schiffahrtsmuseum)

dessen Glaswände die tief unten liegende See leuchtet. Im großen Promenadendeck, durch das bequem zwei Automobile Seit an Seit fahren können, bezeichnet man dem Steward den Platz für den Deckstuhl; denn hier bildet sich das, was in der Sprache der Ozeanfahrer die »Läster-Allee« heißt.

Lebhaft hat sich eben Mr. A, erkundigt, wie lang das Deck sei, und sich ausgerechnet, wie oft er zur Erledigung seines täglichen Pensums rundherum marschieren müsse. Er braucht nicht das Gymnasium mit all seinen elektrischen Schikanen – Canoe, Zweirad, Reitpferd; auch die Bordspiele oben am Sonnendeck können ihm gestohlen werden; er muß laufen. Andere liegen; liegen ausgestreckt, in Decken eingewickelt, Damenfüße womöglich frei, so daß die zarten Fesseln sichtbar bleiben, ein Buch lässig vor sich – zum Glück für die Schriftsteller ist es guter Ton, im Liegestuhl ein Buch auf den Knien zu haben (man muß es ja schließlich nicht lesen), den Blick leidend auf das Meer gerichtet; nein, eigentlich nicht auf das Meer, sondern auf die vorbeischlendernden Mitreisenden. Denn gibt es ein erleseneres Vergnügen, als im Vollbesitze eines gepolsterten Liegestuhls, mehrere Deckstewards, die das Gehabe eines großherzoglichen Zeremonienmeisters mit der unerschütterlichen Akkuratesse eines Vorkriegs-Grandhotel-Kellners vereinigen, in bequemster Winkelnähe, einen annehmbaren, doch nicht aufregenden Flirt zur Seite und vor sich auf dem Teewagen die Leckerbissen eines höchstbezahlten Chefs, gibt es, frage ich, in dieser Lage ein standesgemäßeres Vergnügen, als seine lieben Mitmenschen standesgemäß zu kritisieren?

Eisberge

In schweigender Bewunderung läßt sich die Nordsee vom prachtvollen Schiff zerschneiden, so harmlos tut sie, als könne sie nicht anders. Trotzdem entbrennen jetzt auf Deck erregte Debatten über die Seekrankheit. »Die 'Europa' hat doch die Frahmschen Tanks zur Verringerung der Schlingerbewegung –« – »Brauchen wir nicht! Nur wenig essen!« orakelt Herr M., indem er die Schiffsmütze, die er soeben in der Ladenstraße des Dampfers erstanden, herausfordernd auf das linke Ohr rückt. – »Absolut falsch,« schmettert ihm Miß T. entgegen, »im Gegenteil: so viel wie möglich essen; nie in der Früh aufstehen, ohne etwas im Magen, denn das

Schrecklichste ist, opfern zu müssen, ohne wenigstens gefrühstückt zu haben!« – »In der Kabine bleiben –« – »Nein, immer oben an Deck, immer in der frischen Luft!« – »Richtig!« predigt jetzt die energische Frau Sch., mehrfache Weltreisende, »und der Bewegung des Schiffes nachgeben, so wie der Ski- und Eisläufer; das ist das ganze Geheimnis!«

Ein Instruktor mit einem Matrosen geht von Gruppe zu Gruppe, führt die Handhabung des Rettungsgürtels vor; jeder Fahrgast hat einen in der Kabine, jedem ist ein bestimmtes Rettungsboot zugewiesen. Frau R. schüttelt den Kopf: »Ich bitte Sie, ich habe noch nie gehört, daß einer mit einem Gürtel gerettet wurde. Und die Boote? Die schlagen doch im Sturm um!« – »Die Boote,« sagt der Instruktor, »haben für 4 000 Personen Platz, also für mehr, als das Schiff Passagiere und Besatzung aufweist. Sie sind mit Motoren, Dauerproviant, Radio-Apparaten ausgerüstet und unsinkbar; halten sich auch bei Schräglegung des Dampfers über Wasser.« – »Aber wozu das viele Gerede,« mischt sich wieder Herr M. ein, »mit all den modernen Sicherungen, die wir auf diesem modernsten Schiff haben, werden wir die Rettungsboote nie brauchen. Haben wir nicht einen Doppelboden, Unter-Wasser-Schall-Apparate, Nebelsignal-Apparate, Feuerlöschverfahren, selbsttätige Feuermelder und die Schotten. Verlassen Sie sich auf mich, ich erkundige mich stets über solche Dinge, bevor ich ein Schiff besteige!« Die »Europa«, erklärte der Offizier, habe das vollendetste Schottensystem, ein Untergehen sei praktisch fast unmöglich. Fünfzehn wasserdichte Abteilungen könnten durch eine hydraulische Vorrichtung von der Kommandobrücke aus mittels Schiebetüren jeden Augenblick geschlossen werden, so daß das eindringende Wasser auf die betroffene Abteilung beschränkt und das Schiff ungefährdet bleibt.

Frau R. ist noch nicht überzeugt. »All right,« meint sie, »aber was ist mit die Eisberge?« (Sie gehört zu jenen zahlreichen Auswanderern, die drüben ihr Deutsch verlernten) »Mein Mann hat mir von Chicago gewired, daß ich nicht mit der »Europa« fahren darf, sie wird einen Rekord machen wollen, sagte er, und zu weit nördlich fahren, nun ja, weil es doch kürzer geht im Norden von wegen der Kugelgestalt, und dann passiert etwas wie mit der »Titanic« – aber ich sage mir, ich vertraue mich auf alle Fälle dem Germanschiff an–«– »Für Eisberge ist es noch zu früh«, wirft der allwissende Herr M. ein. Doch der Offizier schüttelt den Kopf: »Nein, es ist jetzt schon die Zeit, aber deshalb nehmen wir ja auch die kürzere Sommerroute. Übrigens wird das Wasser jede Stunde gemessen, denn auf mindestens eine Stunde im Umkreis würde das Thermometer den Eisberg ankündigen ...

Southampton

Erste Station nach der ersten Nacht an Bord, die alle im angenehmsten Schlaf verbrachten mit Ausnahme derjeniger, die das Fest der Premiere mit Champagner begossen und, nachdem die Gesellschaftsräume auf A-Deck sich geschlossen hatten, oder in der Restaurantdiele bis in den grauenden Morgen hinein tanzten. Kaum daß sich der Blick an die großartige Einförmigkeit des ungebrochenen Horizonts gewöhnt hat, bricht er sich schon in blaßgoldener Frühe an den sanften Kurven der Insel Wight, die überzuckert mit Schnee vor uns liegt; dahinter, schön sich aufschwingend in fast italienischem Bogen, die Regattenstadt Cowes. Der Dampfer steht, mit einem seiner 16 Tonnen schweren Anker gefesselt; die Decks wimmeln von Passagieren, Hunderte von Möwen tauchen freudetrunken wie silberne Schmetterlinge auf und nieder; kleine Kutter und Leichter umschwärmen den Riesendampfer, legen an; dreiviertel Stunden weiter liegt Southampton in blauen Dunst gehüllt.

Das Fräulein im Blumenladen macht ein befriedigtes Gesicht, von ihr aus könnte man jeden Tag vor Southampton zu Anker gehen; sie hat gute Geschäfte mit Abschiedsbuketts und Jackentuffs gemacht. Und sie lächelt über die Rampe hinunter in die Empfangshalle, wo die Statue der Hymphe Europa steht, die der verliebte Zeus-Stier auf dem unbekannten Erdteil abgesetzt hat, der fortan ihren Namen tragen soll. Weißberockt, im Stillgestanden, stehen

die Stewards vor hochgestapeltem Handgepäck, auf Nerz und Breitschwanz blühen Orchideen und Maiglöckchen, plaudernd erwartet man den Tender. Kaum Angesponnenes wird brüsk auseinandergerissen, denn nicht jeder vermag wie der junge Amerikaner, der eben kurzerhand beschlossen hat, sein Ticket mit der schönen Zweifensterkabine verfallen zu lassen und der dunklen Irländerin, die er gestern kennengelernt, nach London zu folgen. Auch die Ehrengäste steigen hier aus, schütteln den Herren vom Lloyd die Hände: »Sehr interessant, sehr schön –« – »Ein wunderbares Schiff –« – »Gute Weiterreise – «. Alle Sprachen schwirren, neben dem vorherrschenden Deutsch und Englisch. Dann öffnen sich die Türen zum Zeichen, daß der Tender angelegt hat –

Letzte Post nach Europa

Und jetzt zurück zum Ernst der Situation, jetzt schnell Mittel eingenommen – Vasano oder Nautisan, denn Mothersill ist schon lange überholt –, es kommt der Kanal, der ganz ekelhaft böse sein kann. Aber es fällt ihm heute nicht ein; auch er begrüßt die »Europa« mit sanft gekräuselter Milde. Die Damen profitieren davon; die Damen stellen sich bei den Schreibtischen an, plündern des Dampfers Briefpapier und Ansichtskarten; streichen lange Listen ab von guten Freundinnen und Freunden, die absolut schnellen Beweis in die Hände bekommen müssen, daß man mit der »Europa« gefahren. Spitzentüchlein liegen zerknüllt neben dem Löschpapier, verstohlene Tränen werden getrocknet, noch einmal flammt Abschiedsschmerz auf – die letzte Postgelegenheit für Europa schließt um zwei Uhr! Noch einmal, zum letzten Mal rührt man ans Ufer des alten Kontinents, mit den Augen, mit den Wünschen, bis es hinausgeht in die Unendlichkeit, ins vollständige Losgelöstsein. In der Tat, das ist danach angetan, die Erstlinge ein wenig nervös zu machen.

Natürlich ist solche Erregung nicht in allen Abteilungen des Schiffes gleich; am ausgesprochensten herrscht sie in der Touristenklasse. In der ersten macht man solche Dinge – Rührung, Abschied, ebenso wie Geschäft ab: per Radio oder Radio-Telefonie. Die dritte, die Auswandererklasse, steht dem Inhalt der Stunde mehr oder weniger teilnahmslos gegenüber; sie ist ebenso weit entfernt von dem Standpunkt der Touristenklasse, die sich den Luxus von Gefühlen gerade wieder zu leisten beginnt, wie von keinem der obersten, die ihn blasiert schon überwunden haben. Ihre Leute sind fertig mit Europa; sie haben ihre Tränen geweint, ihre Bündel gepackt, ihren Schmerz in meist langem Warten zerstäubt.

Zwei Königinnen begegnen einander

Und dann, mitten im lächelnden Kanal geschieht es, nachdem Kameras, Feldstecher und Musik darauf gewartet und der Braten unten im Speisesaal kalt geworden: Die zwei gigantischen Renner des Ozeans, die Zwillingsschwestern Klasse A, begegnen einander – von Cherbourg kommt die »Bremen«, stolze Trägerin des Blauen Bandes, des Ozean-Schnelligkeits-Rekords. So nahe wie möglich passiert sie uns, Musik prescht los, »Hoch!« und »Heil« schmettert. Tücher flattern wie besessen. Einem stehen die Tränen in den Augen vor Aufregung; er hat keine Lloydaktien und er hat die schlechteste Kabine; er ist arbeitslos seit zwei Jahren, und das Geld für die Überfahrt haben ihm amerikanische Verwandte vorgeschossen; er hat keine Ursache – aber, Herrgott, in solch einem Moment freut es einen doch, ein Deutscher zu sein -

»Die »Europa« ist schöner!« - »Sie können sie doch nicht sehen!« - »Sah ich sie nicht in Bremerhaven? Ich möchte sagen, sie ist rassiger, noch ausdrucksvoller; ihre Gestalt demonstriert die vollendete Vereinigung von Kraft, Schnelligkeit und Geschmeidigkeit; den Geist moderner Technik par excellence.« Wir besprechen, loben, verteidigen das Schiff, als wenn es uns gehörte. Und gehört es denn nicht uns, für sechs Tage?

Der »Pool«

Nachdem wir unsere Passagiere aufgenommen und vor dem Cherbourger Molo noch den Dampfer »Majestic« begrüßt haben, den ehemaligen »Bismarck«, Werk eben der Werft Blohm & Voß, die die »Europa« geschaffen, liegt der Weg in den Ozean hinaus frei vor uns. Jetzt, im offenen Atlantik, spüren wir, daß die vier Hochdruckturbinen (jede wiegt 14 000 Kilogramm) in der Nordsee noch nicht mit voller Kraft gearbeitet haben. Und jetzt hebt auch ein wildes Wetten an: »Sie wird –« – »Sie wird nicht –«. Gemeint ist selbstverständlich: Wird die »Europa« die Schnelligkeitsziffer der »Bremen« von 4 Tagen 17 Stunden und 24 Minuten übertreffen? Es ist kein Zweifel: Die Phantasie der Passa-

giere ist von der Rekordidee besessen, und die Amerikaner sind womöglich noch intensiver bei der Sache als die Deutschen.

Das Lied ist dasselbe in allen Klassen, doch der Ton ist anders; eine Ausnahme macht nur die dritte, die für diesen Sport nichts übrig hat. In der Touristenklasse wird auf Tod und Leben debattiert; wenn man wettet, so geht es um fünf Dollar oder einen Kuß. In der zweiten können es auch 10 und 20 Dollar sein; aber in der ersten gibt es den »Pool«, dabei kann einer ein kleines Vermögen verlieren oder gewinnen. Im »Pool« wird des nächsten Tages Geschwindigkeit verauktioniert. Am ersten Abend ist alles noch abwartend, man muß die morgige Ziffer erst kennen. Die See ist mäßig bewegt, aber wir haben ziemlich starken Gegenwind.

Mittags um 12 Uhr wird das erwartete Bulletin angeschlagen, demgemäß hat die »Europa« in 19 Stunden und 12 Minuten 530 Meilen zurückgelegt; wir können also mit 28 und mehr Meilen die Stunde, das sind also gut 700 Meilen täglich, rechnen. Der Pool wird ungewöhnlich lebhaft; die Verhandlungssprache ist englisch, denn die Deutschen sind zurückhaltend; es geht in die Hunderte (Dollars selbstverständlich). Die Herren machen das im stimmungsvollen Rauchsalon, lässig ausgestreckt nach einem ausgezeichneten Mahl, geglückt durch die Gegenwart schöner und gepflegter Frauen, angenehm erregt durch das magische Klicken des Cocktailschüttlers in den Händen des Meistermixers in der Bar. Eine vermutliche Zahl nach der anderen kommt unter den Hammer. »703 Meilen! 703, meine Herren!« schnarrt der aus der Mitte der Passagiere gewählte Auktionator. Und es antwortet ihm: »50 Dollar!« – »55 Dollar!« – »70 Dollar!« Wer die Zahl gekauft hat, erwirbt damit die Anwartschaft auf die Gesamtsumme des durch die Auktion der übrigen Zahlen gewonnenen Geldes, wenn sich seine Zahl morgen um 12 Uhr als die richtige herausstellt. Die Summen gehen hoch hinauf, aber die Zahl 715 will keiner kaufen. Nächsten Tag gewinnt 701. (Später, in Neuyork, erfahren wir, daß ein Passagier 25 000 Dollar im Pool gewonnen hat.)

»Tourist Ssörd« (Dritte Klasse für Touristen)

Im Sommer ist sie gesteckt voll mit Studenten und Studentinnen; nicht nötig zu erwähnen, daß sie das B-Deck, das ihnen zur Verfügung steht, mit Jugend und Fröhlichkeit füllen. Aber auch jetzt, da die Studenten sich auf ein paar Kunst- und Musikbeflissene beschrän-

Bayerischer Mittag in der Tourist Ssörd auf der BREMEN. *(Foto Hanns Tschira. Deutsches Schiffahrtsmuseum)*

ken, geht es hier lustig zu. Auch jetzt ist viel junges Volk da; sie spielen Shuffle-Board und Ringwerfen, die Kinder versuchen es mit Bällen. Wind weht und das Meer zeigt starke Dünung. Eingehakt in Vierer- und Sechserreihen marschieren sie singend. »Hop-Hoo« sagen sie, wenn das Schiff sich hebt, was unseren Füßen so vorkommt, als mache ein amerikanischer Wolkenkratzer-Expreß-Lift die ersten Anstalten zum Hinaufsausen. Im Rauchsalon wird Karten gespielt und Bier getrunken aus der Schenke (der in die Verhältnisse der Touristenklasse übersetzten Bar). Im Damensalon servieren die Stewards Tee und Kaffee, man plaudert, liest und spielt »Mühle«. Für den Abend ist Kino angesagt; Kino wechselt ab mit Tanz.

Big Band auf der BREMEN. *(Foto Hanns Tschira. Deutsches Schiffahrtsmuseum)*

Es wird deutsch und amerikanisch gesprochen, das Deutsche ist amerikanisch gefärbt und das Amerikanische deutsch, denn zum großen Teil sind die Winterpassagiere der Touristenklasse Deutsche, die nach Jahren Aufenthalt drüben für ein paar Wochen oder Monate in die Heimat kamen, um die alte Mutter noch zu sehen oder den ersten Sprößling zu zeigen, und nun zurückfahren. Aber auch umgekehrt Angehörige von Ausgewanderten, die ihre Leute in Amerika besuchen. Ja, es ist überraschend, wie viele von diesen Leuten sich solche Blitzbesuche leisten; es scheint, daß die Schaffung der Touristenklasse in dieser Hinsicht anregend gewirkt hat und dazu beiträgt, daß die Ausgewanderten Deutschlands die Verbindung mit dem Vaterland nicht verlieren. Viele dieser in bescheidenem Maße erfolgreichen Leute würden in der dritten Klasse nicht fahren wollen, die zweite aber ist ihnen zu teuer, zumal sie oft mit Kind und Kegel reisen. Da ist die Touristenklasse gerade das Rechte. Die Rundreisekarte kommt sie auf 223 Dollar, sie zahlen also für eine Tour kaum mehr als die dritte Klasse und haben den Komfort der zweiten auf dem schnellsten Schiff der Ozeane – »Europa« oder »Bremen«.

Allerhand Passagiere

Ihre Gäste sind kleinere und mittlere Geschäftsleute, Angestellte, sehr viele Farmer, Amerikaner und Kanadier. »Winters haben wir nichts zu tun, das bissel Arbeit überlasse ich meinem Knecht –« sagen sie. Auch Europäer, die geschäftlich hinüberfahren und es billig machen wollen. Eine schöne alte Frau ist da, 83jährig, Bremerin; sie fährt nach Neuyork, um dort nach 15 Jahren ihren Sohn wiederzusehen, der zu diesem Stelldichein aus China kommt. Den alten Farmer frage ich, was er in Deutschland getan. »Schnaps und Bier getrunken«, antwortet er strahlend. Er kann nicht schreiben, aber sein Enkel studiert auf der Universität von Iowa. Sein Kollege, ein junger deutscher Kanadier, trägt die unvermeidliche Baskenmütze genau so wie der Millionenerbe Mr. Ogden S. in der ersten Klasse. Mr. Ogden S. ist dicklich und gelangweilt; doch der junge Kanadier strahlt vor Glück. Er bringt sich eine deutsche Frau heim; rührend steht er ihr bei, wenn sie sich seekrank über die Reling beugt. Eine Neuyorker Innendekorateurin, ein bebrillter Herr, Wäschereibesitzer aus Deutschland, ein Kameramann aus Hollywood, der seinen fertig gekauften Anzug mit der teuren Grazie John Gilberts trägt. Ein »Flapper«, diese absterbende, aber immer noch verwirrende Spezies amerikanischer Weiblichkeit mit dem Gesicht eines Cherubs, dem Lächeln einer Sphinx und dem Beneh-

men eines Lausbuben; eine hinreißend gute Tänzerin, die drüben Haushälterin ist und nun in ihre Stellung zurückkehrt; eine Nurse, die aus China heimkommt (5 Jahre Dienst und 15 Monate bezahlter Urlaub); ein naiver Alter mit biederem Deutsch-Amerikaner-Gesicht, der eine ganze Kollektion der berüchtigten »Nackte Kunst-Magazine« mit sich hat, sie wie seinen Augapfel hütet und sich jetzt den Kopf zerbricht, wo er sie vor den strengen Augen des Zollbeamten am Neuyorker Dock verstecken wird; denn dieses Zeug darf die amerikanische Grenze nicht passieren. Und schließlich jener lustige Herr, der eine ganze Kiste voll Champagner, Liköre und Weine bei sich hat; er ist der populärste Mensch auf Deck, denn jeder darf ihn besuchen, er braucht bloß Eis mitzubringen; die Kiste m u ß ja geleert werden, bevor die Dreimeilenzone erreicht ist! (...)

Der Magen des schwimmenden Riesenhotels

»Wenn sie nur nicht«, sagt einer in der Touristenklasse, sich zu Tisch setzend, »eine so lange Speisekarte hätten; man muß so hart nachdenken -«. Und er zählt acht Gerichte, aus denen er sich wählen kann. Schade, daß er nicht seinen Mitpassagier Herrn Brummer sehen kann, der zur selben Zeit im Speisesaal der ersten Klasse seinen Kneifer aufsetzt und die Karte auseinanderfaltet, der Steward in devot wartender Haltung neben ihm. Herr Brummer studiert angelegentlichst, runzelt die Stirn; runzelt sie noch ausgesprochener; der Steward wartet ergeben. Endlich blickt Herr Brummer auf, äußerstes Mißvergnügen im Gesicht; er hat unter den 44 Gerichten der Karte nicht eines gefunden, das er möchte! »Was! Sie haben keine Rahmsuppe Malakoff?« - »Heute nicht, Herr Brummer, aber Mockturtle erlaube ich mir vorzuschlagen, auch die Spargelrahmsuppe oder Muschelbrühe in Tasse, Kraftbrühe Briand ist gut oder indische Schwalbennestersuppe –« – »Immer dieselbe Geschichte,« seufzt Herr Brummer. – »Soll ich vielleicht hinauf ins Restaurant schicken?« versucht der Steward. Aber Herr Brummer wehrt ermüdet ab; es bedeutet: Das Leben ist hart. Womit er natürlich sein Leben meint, nicht das des Stewards.

Auch nicht des Chefs, des umsichtigen Herrschers im Küchenreiche. Sieben Küchen hat die »Europa«; dazu Bäckerei, Konditorei, Rahmeisküche, alle elektrisch betrieben, alle durch Männer bestellt; Toast-, Salat-, Fisch-, Hummer-Anrichte. Kühlraum an Kühlraum liegt wie Kasematte an Kasematte; Riesenvorräte an Geflügel und Obst. Noch am sechsten Tag haben wir morgens wie nachmittags frische Sahne zum Kaffee.

Abschied

So schnell ist noch keiner von uns über den Atlantik gekommen; morgen in aller Frühe sollen wir die offizielle Grenze des Neuyorker Hafens, das Feuerschiff von Ambrose, passieren; wir müßten vor sechs Uhr einfahren, um die »Bremen« zu schlagen. Die See hat sich für die traditionellen Festlichkeiten dieses Abends beruhigt. Man denkt heute nicht an Schlafengehen; man will morgen früh dabei sein; und bis dahin ist ja auch noch die Bar offen. In der Touristenklasse tanzt, pfeift, singt und lachte man bei einem gelungenen Faschingsball; auch in der zweiten Klasse ist Kostümfest. Und die erste hat heute zum ersten Mal Tanz in der großen Halle. Diese Halle ist 40 Meter lang und dreischiffig; wirkt sie am Tage imposant und beruhigend in der sanft abgestimmten Harmonie ihrer geometrischen Mosaiken und sanften Farben, so bietet sie in der raffinierten Abendbeleuchtung einen traumhaften Anblick. Neben Säulenreihen heben leuchtende Kelche mildes Licht empor, und aus großen Behältern steigen blaue Nebel; es sieht faszinierend aus, hat aber durchaus praktischen Wert; die Behälter sind Rauchaufsauger. In der Mitte Orchester und Tanzraum; schöne Frauen, Spitzengewänder, Juwelen, Schwarz und Weiß der Herren. Weiße Kügelchen fliegen hin und her, versuchen Übermut zu erzwingen; es gelingt ihnen nicht. Diese wunderschöne Halle ist ein Ort zum Träumen, zum Sich-Verlieben; sie läßt uns vollständig vergessen, daß wir im Ozean schwimmen; sie entrückt.

Zwei Wache stehende Matrosen

Hinter einer Pforte ein paar Stiegen hinunter, und wir sind in der leibhaftigen Gegenwart: in der Hauptschlagader des Schiffes, im Betriebsgang; durch viele Türen links und rechts schauen wir in sein riesiges schlagendes Herz; in die Büros, die Wirtschaftsräume, die Werkstätten, in den Maschinenraum, wo die 120 000 PS erzeugt werden, die ihm Licht und Kraft liefern; eine Stadt mit 70 000 Einwohnern hätte damit genug. Endlos scheint der Gang, schließlich finden wir durch eine Tür aufs B-Deck hinauf. Aber wo gestern noch Liegestühle stan-

den, liegen jetzt hochgestapelt Hunderte von Postsäcken, bereit, ausgeschifft zu werden. Ein Matrose steht Wache dabei, sein gescheites Knabengesicht ist müde; aber die Augen blitzen. Ja, er muß hier stehen bis drei Uhr; schlafen? Oh nein, heute nicht! Zu viel Arbeit. Ob es ihm zu hart sei? Nein, denn er wolle doch einmal Kapitän werden. War nicht Commodore Johnsen, der Führer der »Europa«, vor 45 Jahren ein ebensolcher junger Matrose, der Wache stand von Mitternacht bis drei?

Die Siegerin

Unter großer Aufregung passieren wir das Ambrose-Feuerschiff; es ist nicht ganz sechs Uhr früh; Nebel zum ersten Mal auf der Fahrt. Doch sicher sind wir erst, als wir, an Ellis Island und Coney Island vorüber, uns dem Pier in Brooklyn nähern, anlegende Schiffe die Behörden bringen, das Empfangskomitee mit dem deutschen Botschafter, die »boys and girls« von der Presse; und Commodore Johnsen es über das Radio verkündet. Dann wissen wir es: Die »Europa« konnte es sozusagen nicht verhindern, sie hat die »Bremen« um 21 Minuten geschlagen! Es regnet Gratulationen, so dicht, wie draußen nun die Tropfen fallen. Schwarz steht die winkende Menge am Pier. Wir legen an, langsam und feierlich. »Some ocean queen!« sagt einer neben mir. Mittags schon prangt die »Europa« auf allen Zeitungsfronten – Stadtgespräch.

Heimkehr

Freitag nacht fuhr sie wieder ab; die Passagierliste der ersten Kajüte zeigte hervorragende Namen der amerikanisch-kosmopolitischen Gesellschaft. Man lud seine Freunde zu einer »fare-well party« an Bord in den state room oder hinauf ins Restaurant. Es war wie beim Empfang im Palast eines Prominenten der Erde. Festlichkeiten auch in der Touristenklasse; eine Familie, die endgültig mit einem kleinen Vermögen nach Hause fährt, um sich drüben anzukaufen, lud ein, wer kommen wollte.

»We're happy and I want you to be happy!« sagt der beleibte Herr und hebt sein Glas. Er ist der Gastgeber, er war 20 Jahre Bäcker in Chikago.

Schade, daß das Horn zum Aufbruch bläst, eine halbe Stunde vor Mitternacht. Die Stewards durcheilen das Schiff, um sicher zu sein, daß niemand zurückbleibt. Dann gleitet es ab – der Heimat zu.[35]

Der Nordatlantik setzte also nach wie vor die Maßstäbe bezüglich Größe, Technik und Komfort. In den 1920er-30er Jahren wurden diese Vorgaben allerdings immer schneller auch auf den anderen Routen nachvollzogen, zumindest auf dem Sektor Technik und Komfort. Wie schon früher dargelegt, war ja die Schiffsgröße seit dem Überschreiten der 20 000-BRT-Grenze im Jahr 1901 kein Qualitätsfaktor an sich mehr gewesen. Daß die Schiffsgröße auf dem Nordatlantik bis 1940 trotzdem immer weiter gesteigert wurde, war mehr auf den nationalen Prestigegewinn für die großen Reedereien oder auch Nationen zurückzuführen als auf einen tatsächlichen Bedarf an solcher Tonnage. Auf einem 20 000 bis 30 000 BRT großen Liner konnten durchaus alle realistischen Anforderungen an eine erstklassige Luxusausstattung erfüllt werden. Auf den Schiffahrtsrouten außerhalb des Nordatlantiks bewegten sich die neu erbauten Spitzenschiffe auch durchweg in diesem Größenrahmen. Und wenn man nicht unbedingt riesige Gesellschaftsräume anbieten will, dann ist auch auf kleineren Schiffen echter Luxus möglich, indem man die Zahl der Fahrgäste kleiner hält. Viele Neubauten der 1930er Jahre, speziell im Afrika- und Ostasiendienst, beweisen das nachdrücklich. Auch die in den 1930er Jahren zu reinen Kreuzfahrtschiffen umgebauten Liner von unter 20 000 BRT sind ein sehr gutes Beispiel für Luxusangebote auf Schiffen dieser Größenordnung.

Werfen wir an dieser Stelle einen Blick auf die wichtigsten zwischen 1925 und 1939 in Dienst gestellten Neubauten für die anderen Fahrtgebiete.

Auf den Südamerikarouten, die wir zuletzt 1924 inspiziert hatten, markierte 1927 die Indienststellung der 27 500 BRT großen CAP ARCONA der Hamburg-Süd den seit 1914 erreichten Fortschritt. Schon ein Jahr zuvor hatte die britische Royal Mail Line mit den Schwesterschiffen ASTURIAS und ALCANTARA von je 22 000 BRT moderne Luxusschiffe für den La-Plata-Dienst in Fahrt gebracht. Die seit Jahrzehnten festgeschriebene Spitzenstellung der britischen und deutschen Reedereien in diesem Fahrtgebiet ließ die Franzosen nicht ruhen; mit einem spektakulären Superschiff wollte die Cie. Sud Atlantique sich an die Spitze der Südatlantikliner setzen. Tatsächlich war die 1931 in Dienst gestellte L'ATLANTIQUE mit ihren mehr als 40 000 BRT und über 21 Knoten Geschwindigkeit das größte und schnellste jemals für den Südamerikadienst gebaute Passagierschiff!

35 Leitich, Ann Tizia: An Bord der »Europa«. In: Velhagen & Klasings Monatshefte. 1930. Seite 353-368

Leider fuhr sie nur eineinhalb Jahre, im Januar 1933 vernichtete ein Großbrand den Luxusliner. Bis 1939 fiel also der CAP ARCONA wieder die Rolle der Queen des Südatlantiks zu. Als die ehrgeizigen Franzosen sich 1939 erneut anschickten, den größten und schnellsten Südatlantikliner auf die La-Plata-Route zu schicken, intervenierte der Krieg; die für den September 1939 angekündigte Jungfernreise der 29 000 BRT großen PASTEUR mußte abgesagt werden. Auch die ebenfalls für September 1939 vorgesehene Jungfernreise des 26 000-Tonners ANDES, des neuen Flaggschiffs der Royal Mail Line, fiel wegen des Krieges aus.

In der Südafrikafahrt beherrschte die dominierende Union-Castle Line den Luxussektor auch nach 1925. Den drei zwischen 1926 und 1930 gebauten 20 000-Tonnern der CARNARVON CASTLE-Klasse ließ sie 1936 die Schwesterschiffe ATHLONE CASTLE und STIRLING CASTLE von je 25 500 BRT folgen. In diesem Fahrtgebiet gab es übrigens gute Beispiele der oben erwähnten kleineren Luxusschiffe; und zwar die 16 600 BRT großen Schwestern WINDHUK und PRETORIA von 1936/37 der beiden Hamburger Reedereien im Afrika-Dienst und die belgische BAUDOUINVILLE von 1939 mit 13 700 BRT.

Im Fahrtgebiet Europa – Ostasien gab es bis 1939 überhaupt nur solche »kleineren« Schiffe. Neben den drei 18 000-Tonnen-Schnelldampfern SCHARNHORST, GNEISENAU und POTSDAM des Norddeutschen Lloyd 1935 liefen hier die zwei, drei Jahre älteren, gleich großen Schiffe der ARAMIS-Klasse der französischen Messageries Maritimes. Im Mai 1939 lief die 17 000 BRT große NITTA MARU der japanischen Reederei Nippon Yusen Kaisha als erstes von drei luxuriösen Schwesterschiffen für den Yokohama – Hamburg-Dienst vom Stapel, den sie wegen des Krieges nicht mehr aufnehmen konnten. Bis zum japanischen Angriff auf Pearl Harbor liefen NITTA MARU und YAWATA MARU im Pazifik-Dienst zwischen Yokohama und San Franzisko. Die Spitzenschiffe auf dieser Route waren die beiden 22 000-Tonner PRESIDENT COOLIDGE und PRESIDENT HOOVER der Dollar Line in San Franzisko.

In den Europa – Australien-Dienst hatte die britische Orient Line zwischen 1924 und 1929 die fünf 20 000-Tonner der OTRANTO-Klasse in Dienst gestellt. Die P&O Line brachte von 1932 bis 1938 fünf 22 500 bis 23 700 BRT große Liner der STRATHAIRD-Klasse in Fahrt. Bis zum Zweiten Weltkrieg folgten 1935 und 1937 noch ORION und ORCADES, zwei 23 000-Tonner der Orient Line.

Für ihren Dienst nach Niederländisch-Indien bauten die Holländer 1930 die 19 000-Tonner MARNIX VAN ST. ALDEGONDE und JOHAN VAN OLDENBARNEVELT der Nederland Lijn sowie 1930/31 die 17 000 BRT großen BALOERAN und DEMPO des Rotterdamsche Lloyd. Erst 1939 kam in diesem Fahrtgebiet der erste 20 000-Tonner in Fahrt, die ORANJE.

Nach Mittelamerika und der Westküste Südamerikas fuhren von Europa aus als größte Schiffe die REINA DEL PACIFICO von 1931 der Pacific Steam Navigation Company mit 17 700 BRT und die PATRIA der Hapag von 1938 mit 16 600 BRT.

Mittel- und Südamerika waren für amerikanische Touristen von jeher beliebte Zielgebiete. Sie lagen quasi vor der südlichen Haustür und waren über den größten Teil des Jahres ausgesprochene Schönwettergebiete. Schon im 19. Jahrhundert gab es Passagierdienste von US-Häfen in die Karibik und nach Südamerika, und die Bananenfrachter auf westindischen Routen hatten fast alle Passagierkabinen, die teilweise durchaus luxuriös waren. Mit der Eröffnung des Panamakanals kamen 1915 auch Dienste zwischen den US-Häfen der West- und der Ostküste der USA zustande. Amerikanische Luxusschiffe im Sinne dieses Buches befuhren alle diese Linien aber erst seit 1928, als die American Line das erste von drei über 20 000 BRT großen Schwesterschiffen auf die Jungfernreise von New York via Panama nach San Franzisko schickte, die CALIFORNIA. Die Grace Line aus New York ließ sich 1932/33 die vier luxuriösen 9 000 BRT großen Schwesterschiffe der SANTA-Klasse für den Dienst von New York nach Nassau, der Karibik und weiter nach kolumbianischen und venezolanischen Häfen bauen. Auf diesen 17tägigen, kreuzfahrtähnlichen Reisen wurden nur Passagiere der Ersten Klasse in Außenkabinen befördert. Berühmt waren auch die Schiffe der Ward Line, die einen ähnlich komfortablen Dienst zwischen New York und Havanna unterhielt; die 11 500 BRT großen Schnelldampfer MORRO CASTLE und ORIENTE kamen 1930/31 als größte Schiffe dieser Linie in Fahrt. In diesem Zusammenhang sind auch die 22 500 BRT großen Schwesterschiffe QUEEN OF BERMUDA und

MONARCH OF BERMUDA der britischen Reederei Furness, Withy & Co. zu erwähnen, die das ganze Jahr über einen Luxuspassagierdienst zwischen New York und Hamilton auf Bermuda unterhielten.

Doch zurück zur Nordatlantikroute. Ohne Zweifel, mit BREMEN und EUROPA war eine neue Ära der Passagierschiffahrt angebrochen, eine Tatsache, die das internationale Reisepublikum auf die deutschen Schiffe lockte. Der Norddeutsche Lloyd braucht sich um die Auslastung seiner Schnelldampfer keine Sorgen zu machen, jedenfalls vorläufig nicht. Mittelfristig sah das schon etwas anders aus. Mochte man auch beim Lloyd gehofft haben, mit BREMEN und EUROPA noch für einige Jahre den Bonus der modernsten Schiffe für sich zu bewahren, – die Konkurrenz schlief natürlich nicht. Schon 1931 kam mit der über 42 000 BRT großen

Kapellmeister auf der COLUMBUS.
(Foto Hanns Tschira. Deutsches Schiffahrtsmuseum)

Eine Kabinenstewardess der BREMEN bringt das Badezimmer in Ordnung. Interessant die Anbringung des Duschkopfes unter der Decke – ob wohl alles Wasser in der Wanne landet?
(Foto Hanns Tschira. Deutsches Schiffahrtsmuseum)

EMPRESS OF BRITAIN ein ausgesprochenes Luxusschiff der Extraklasse in Fahrt, das die Canadian Pacific Railway auf der Route Southampton – Quebec und im Winter für Kreuzfahrten einsetzte. Die Italiener und die Franzosen, die bisher nie ganz oben an der Spitze mitgemischt hatten, ließen sich jetzt ebenfalls große Schnelldampfer bauen. Während die Italiener sich die beiden deutschen Liner zum Vorbild nahmen, wollten die Franzosen höher hinaus, sie gaben einen 80 000 BRT großen Schnelldampfer in Auftrag. Und die Briten taten es ihnen gleich, auch sie bestellten einen 80 000-Tonner. Schon 1930, dem ersten Dienstjahr der EUROPA, begann sich die im Oktober 1929 ausgebrochene Weltwirtschaftskrise zu einem Desaster für die internationale Schiffahrt auszuwachsen, für das kein Ende absehbar war. Die Folge waren sinkende Passagierzahlen auf den Überseerouten, von denen jetzt auch die Lloyd-Schnelldampfer betroffen waren.

Im September 1932 stellte die Italia mit der REX den ersten der beiden 50 000-Tonner in Dienst, und die CONTE DI SAVOIA folgte zwei Monate später, beide also noch in der Weltwirtschaftskrise. Diese hatte Ende 1931 dazu geführt, daß der britische Neubau stillgelegt worden war. Die französische NORMANDIE war zwar im Oktober 1932 vom Stapel gelaufen, zu einem Zeitpunkt, als erste Hoffnungszeichen am wirtschaftlichen Horizont sichtbar wurden; mit dem Fertigbau ließ man sich aber Zeit. Als die REX im Sommer 1933 das Blaue Band für die schnellste Nordatlantiküberquerung gewann, war die von BREMEN und EUROPA ausgelöste

Die Kommodores der beiden deutschen Großreedereien Hapag und Lloyd 1934 in New York gemeinsam auf der Kommandobrücke des Lloyd-Schnelldampfers BREMEN. Fritz Kruse vom Hapag-Dampfer NEW YORK und Leopold Ziegenbein von der BREMEN haben dieses Foto des berühmten Bordfotografen der BREMEN, Richard Fleischhut, signiert.

neue Runde der luxuriösen Riesendampfer in vollem Gange. Auch die Amerikaner beteiligten sich an diesem Neubaureigen, wenn auch auf deutlich niedrigerem Niveau. Die beiden 24 300-Tonner MANHATTAN und WASHINGTON kamen 1932 bzw. 1933 auf der New York–Hamburg-Route zum Einsatz.

Im Mai 1935 ging dann die NORMANDIE der Cie. Générale Transatlantique auf die Jungfernreise von Le Havre nach New York und holt sich auf Anhieb das Blaue Band. Ein Jahr später kam auch die QUEEN MARY der Cunard Line in Fahrt, die der NORMANDIE im August 1936 das Blaue Band abnehmen konnte; erstmals war ein Schiff mit mehr als 30 Knoten Durchschnittsgeschwindigkeit über den Atlantik gebraust. Deutlich kleiner und längst nicht so schnell waren die beiden letzten Vorkriegsneubauten für den Nordatlantik, die 1938 gebaute NIEUW AMSTERDAM der Holland-Amerika Lijn und die ein Jahr später in Dienst gestellte MAURETANIA von Cunard, beide 36 000 BRT groß.

Im Herbst 1939 gerieten sich die Europäer erneut in die Haare. Von den vier kriegführenden Ländern stellten Deutschland und Polen ihre Überseepassagierdienste sofort ein, während Großbritannien und Frankreich die wichtigsten Dienste auf ein staatlich gefordertes Minimum einschränkten. Die Neutralen fuhren noch eine Zeitlang weiter, aber mit dem Kriegseintritt Japans und der USA weitete sich der Konflikt zum Zweiten Weltkrieg aus. Überseepassagierfahrt fand nicht mehr statt, die Luxusliner dienten als Truppentransporter, Lazarettschiffe oder Hilfskreuzer, und nicht wenige wurden Opfer des Seekriegs, hier besonders der Unterseeboote. Als 1945 nach sechs Kriegsjahren endlich die Waffen schwiegen, bedeutete das noch längst nicht den Neubeginn der Passagierschiffahrt. Erst 1947 konnte man wieder von friedensmäßigen Liniendiensten in aller Welt sprechen. Die Verlierer des Krieges, Deutschland und Japan, hatten fast ihre gesamte Handelsflotte verloren und blieben auf Jahre hinaus von der überseeischen Passagierschiffahrt ausgeschlossen.

Auch ein Sternekoch macht mal Pause.
(Foto Hanns Tschira. Deutsches Schiffahrtsmuseum)

Der Blick in den drei Decks hohen Speisesaal der *ILE DE FRANCE* empfanden die Zeitgenossen als Offenbarung einer neuen Ära. *(Cie. Gén. Transatlantique)*

Die 1927 in St. Nazaire gebaute ILE DE FRANCE war damals das luxuriöseste Schiff der Welt und galt als maritime Repräsentantin des französischen Lebensstils. *(Cie. Gén. Transatlantique)*

Was die ILE DE FRANCE für den Nordatlantik, war die 1927 in Hamburg gebaute 27 561 BRT große CAP ARCONA für die Südamerikaroute – the finest ship afloat.

Blick in den Festsaal der CAP ARCONA. (Zeitgen. Postkarte)

1925 stellte die britische P&O Line die 16 585 BRT große RANPURA als Spitzenschiff auf der London–Bombay-Route in Dienst. (Aus zeitgen. Prospekt)

Madeira, Trauminsel im Atlantik westlich von Marokko zwischen den Azoren und den Kanaren. Ihr Haupthafen Funchal wird in der Saison von Kreuzfahrern und von den Liniendampfern nach Afrika oder Südamerika ganzjährig angelaufen. Wer ein Boot besitzt, fährt den auf Reede ankernden Schiffen entgegen, um den Passagieren entweder landestypische Korbwaren oder Stickereien zu verkaufen oder um sie für einige Centavos ums Schiff oder an Land zu rudern. Das Team im vorderen Boot animiert die Passagiere auf dem Dampfer mit Gesten, Münzen ins Wasser zu werfen, denen der Junge dann blitzschnell hinterherspringt, um sie beim Auftauchen triumphierend vorzuzeigen und dann ins Boot zu werfen. (Zeitgen. Postkarte)

Wer reisen wollte, tat gut daran, sich nicht in die Lektüre der Überfahrtsbestimmungen zu vertiefen. Noch 1927 setzte der Norddeutsche Lloyd seine potentiellen Passagiere darin über Folgendes in Kenntnis:

Verspätung, Unfall, Havarie, Streik, Krieg usw.

Wenn ein Dampfer infolge der nachstehend erwähnten Maßnahmen oder Ereignisse, nämlich

1. infolge behördlicher Maßnahmen,
2. infolge Gefahren der See oder Flüsse,
3. infolge eines Unfalls, Beschädigung oder verborgener Fehler des Schiffes, seines Zubehörs oder seiner Ausrüstung, auch wenn Vorsatz oder Fahrlässigkeit eines Angestellten oder eines Vertreters des Norddeutschen Lloyd vorliegt,
4. wegen eines bevorstehenden oder bereits ausgebrochenen Krieges,
5. wegen eines Streiks oder einer Arbeitseinstellung oder Arbeiterunruhen oder dergleichen,
6. infolge irgendwelcher drohenden Ereignisse an Bord oder an Land, wodurch der Antritt, die Fortsetzung oder die Beendigung der Reise, der Ankauf von Kohlen, Lebensmitteln oder Ausrüstungsgegenständen usw. erschwert werden könnte, oder
7. infolge aller sonstigen noch nicht erwähnten Maßnahmen oder Ereignisse,

vor, bei oder nach Antritt der Reise in irgendeinem Hafen oder an irgendeinem Orte aufgehalten wird, so haben die Passagiere, falls ihnen während einer dadurch hervorgerufenen Liegezeit das Verbleiben an Bord gestattet wird, für ihren Aufenthalt und Unterhalt

I. Kajüte	$ 5.—	pro Tag und Person
II. „ u. Kajütenklasse	$ 3.—	pro Tag und Person
III. Klasse	$ 1.—	pro Tag und Person

oder solche weiteren Kosten über die genannten Beträge hinaus, die durch einen derartigen Aufenthalt für ihre Person und ihr Gepäck usw. entstehen können, zu vergüten.

Der Norddeutsche Lloyd ist unter keinen Umständen verpflich[tet] für einen etwaigen Aufenthalt und Unterhalt an Land zu sorgen.

Verantwortlichkeit.

Der Norddeutsche Lloyd übernimmt keine Verantwortung für

1. irgendwelche Ereignisse oder Maßregeln, insbesondere nicht für nachstehend genannten, und auch nicht für irgendeinen V[...] Schaden oder Nachteil, der dem Passagier durch Beschädigu[ng] seiner Person usw. entstehen könnte;
2. frühere oder spätere Ankunft oder Abfahrt der Schiffe, einer[lei] welche Umstände zurückzuführen;

NORDDEUTSCHER LLOYD
BREMEN

Nr. 1 1927

Überfahrts-Bestimmungen

NORDAMERIKA

Auskunft erteilt
NORDDEUTSCHER LLOYD
BREMEN
und dessen sämtliche Vertretungen

Änderungen ohne vorherige Anzeige vorbehalten

.S. 1016. 5. 4. 27. 10000.

3. etwaige Gefahren, die auf Vorsatz, Fahrlässigkeit, Unaufmerksamkeit Fehler oder Irrtum seitens des Führers, der Offiziere und Ingenieure, des seemännischen oder des übrigen Teiles der Besatzung zurückzuführen sind;
4. Übergang nach oder von einem anderen Fahrzeug, Beförderung mit einem anderen Fahrzeug nach oder von dem Dampfer, von oder an Land oder von oder nach einem anderen Schiffe;
5. Explosionen oder Feuer an Bord auf hoher See, im Hafen, an Bord des Einschiffungs- oder Landungsfahrzeugs, gleichviel welcher Art, oder an Kesseln, Maschinen und Zubehör oder an den übrigen Schiffsteilen;
6. Kollision oder Strandung oder irgendwelche Gefahren der See, der Flüsse und Seen, gleichviel welcher Natur oder welchen Ursprungs;
7. sanitäre Bestimmungen oder Vorsichtsmaßregeln, die von den in Frage kommenden Behörden oder dem Schiffskommando erlassen werden, auch wenn dadurch die Einschiffung oder Landung verhindert wird;
8. betrügerische oder andere gesetzwidrige Handlungen irgendeiner Person der Besatzung oder unerledigte Privat-Aufträge oder Besorgungen einer dazu unbefugten Person der Besatzung;
9. Beschädigung durch Regen, Ungeziefer usw., Streik, Arbeiterunruhen oder dergleichen oder Krieg.

Anlaufen anderer Häfen.

Dem Kapitän steht das Recht zu, ohne Lotsen zu fahren, Schiffe zu schleppen und ihnen in allen Lagen beizustehen, zurückzufahren, oder nach eigenem Ermessen in irgendeinen Hafen einzulaufen, von dem direkten und üblichen Kurse abzuweichen, und, falls an der Weiterreise auf dem gewöhnlichen Kurse behindert, die Passagiere auf irgendeinen anderen Dampfer, der nach dem Bestimmungshafen fährt, umzuschiffen, gleichviel, ob er dem Norddeutschen Lloyd gehört oder nicht.

Falls ein Reisender in einem anderen, als in dem in der Fahrkarte angegebenen Hafen gelandet wird, sei es durch Maßregeln oder Anordnungen von Behörden oder dergleichen, oder weil der Kapitän eine derartige Landung infolge eines zu erwartenden oder bestehenden Krieges oder auf Grund anderer drohender oder bereits eingetretener Ereignisse für nötig erachtet, so ist weder der Kapitän noch der Norddeutsche Lloyd oder dessen Vertreter zu irgendeiner Entschädigung an den Passagier verpflichtet.

Man hält es kaum für möglich! Wollte der Lloyd seine Kunden vergraulen? Oder vertraute er darauf, daß die das Gedruckte nicht ernst nehmen würden? Dann hätte er es doch aber gar nicht zu drucken brauchen. Höhere Gewalt z.B. befreit überall auf der Welt von Haftung, und auch für den Kriegsfall ist die Reederei kaum haftbar zu machen. Bliebe der Rest. Selbst wenn nur einige wenige dieser Punkte durch geltendes Recht gedeckt gewesen wären: Warum das so detailliert an die große Glocke hängen? Bei der Hamburger Konkurrenz wurde dieses ganze Katastrophenszenario auf einen Absatz reduziert und zudem eine Lösung angeboten: Haftbarkeit der Gesellschaft. Die Gesellschaft ist nicht haftbar für Unglücksfälle oder irgendwelche sonstige Schäden, die den Passagieren oder deren Eigentum während der Reise zustoßen sollten. Versicherungsscheine gegen Seegefahr und alle anderen Gefahren sind durch die Hamburg-Amerika Linie zu beziehen.

Die Dual-Purpose Liner GRIPSHOLM und

Wohn- und Schlafraum mit Bad/WC einer Luxuskabine auf der KUNGSHOLM. *(Alle Abbildungen aus Reedereiprospekt)*

Der Rauchsalon der GRIPSHOLM, der etwas älteren und kleineren Halbschwester der KUNGSHOLM, war dem Astraksaal im Schloß Gripsholm nachempfunden.

Der Speisesaal der KUNGSHOLM.

Die stilisierte Grafik zeigt die 20 223 BRT große, 1928 in Dienst gestellte KUNGSHOLM vor New York.

KUNGSHOLM der Svenska Amerika Linien

BREMEN und EUROPA

Die Begrüßung der an Bord gekommenen Passagiere als Motiv der Speisekarte für das Willkommensessen.

Technischen Fortschritt par excellence präsentierten die Schnelldampfer BREMEN und EUROPA 1930 der staunenden internationalen Fachwelt, und überall rief die ästhetische, elegant-stromlinienförmige Silhouette dieser neuen Königinnen der Meere Begeisterung hervor. Auf dem Foto die 1930 von Blohm & Voss an den Norddeutschen Lloyd abgelieferte EUROPA, 49 746 BRT groß, und von 1930 bis 1933 als schnellstes Passagierschiff der Welt Inhaberin des legendären Blauen Bandes.

Schnelldampfer BREMEN 1939 bei seiner Rund-um-Südamerika-Kreuzfahrt im Panamakanal.
(Foto Hanns Tschira. Deutsches Schiffahrtsmuseum)

An Bord der

Das berühmte Sonnendeck-Restaurant bietet die Möglichkeit zu einem exklusiven Dinner à la carte.
(Alle Zeichnungen aus zeitgen. Prospekt)

Beliebt und immer belebt, der Wintergarten.

Beim festlichen Dinner.

Der Ballsaal mit dem Springbrunnen.

BREMEN

Die große Halle.

Durchgang in die große Gesellschaftshalle.
(Foto Hanns Tschira. Deutsches Schiffahrtsmuseum)

An Deck ist immer etwas los …

Man kann flirten …

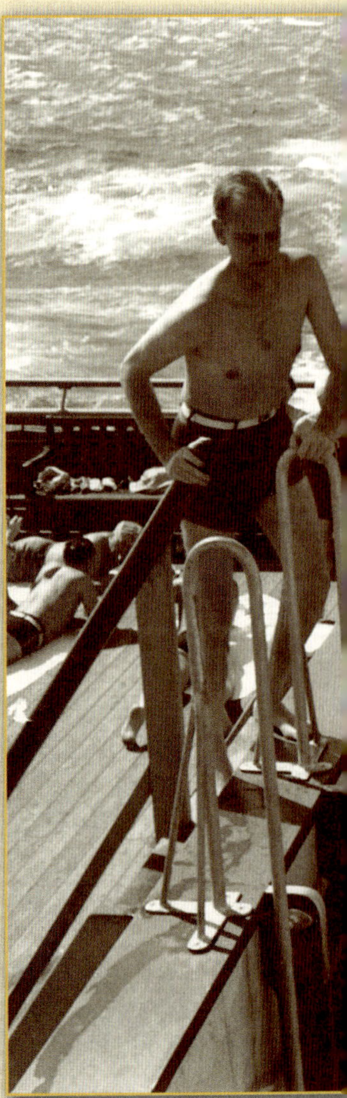

(Alle Fotos: Hanns Tschira. Deutsches Schiffahrtsmuseum)

... Musik hören

... dem Kapitän Ziegenbein bei der täglichen Ronde zuschauen

... oder das schöne Wetter zum Schwimmen nutzen. Das dafür nötige Außenschwimmbad erhielt die BREMEN erst anläßlich ihrer großen Rund-um-Südamerika-Kreuzfahrt 1939.

Prominente an Bord der BREMEN

Edwin Erich Dwinger – auflagenstarker Autor – mit seiner Gemahlin.

Edsel Ford, Erbe des Automobilkonzerns Ford, mit Frau und Kindern. Links der spätere Firmenchef Henry Ford II.

(Fotos aus den 1930er Jahren von Hanns Tschira. Deutsches Schiffahrtsmuseum)

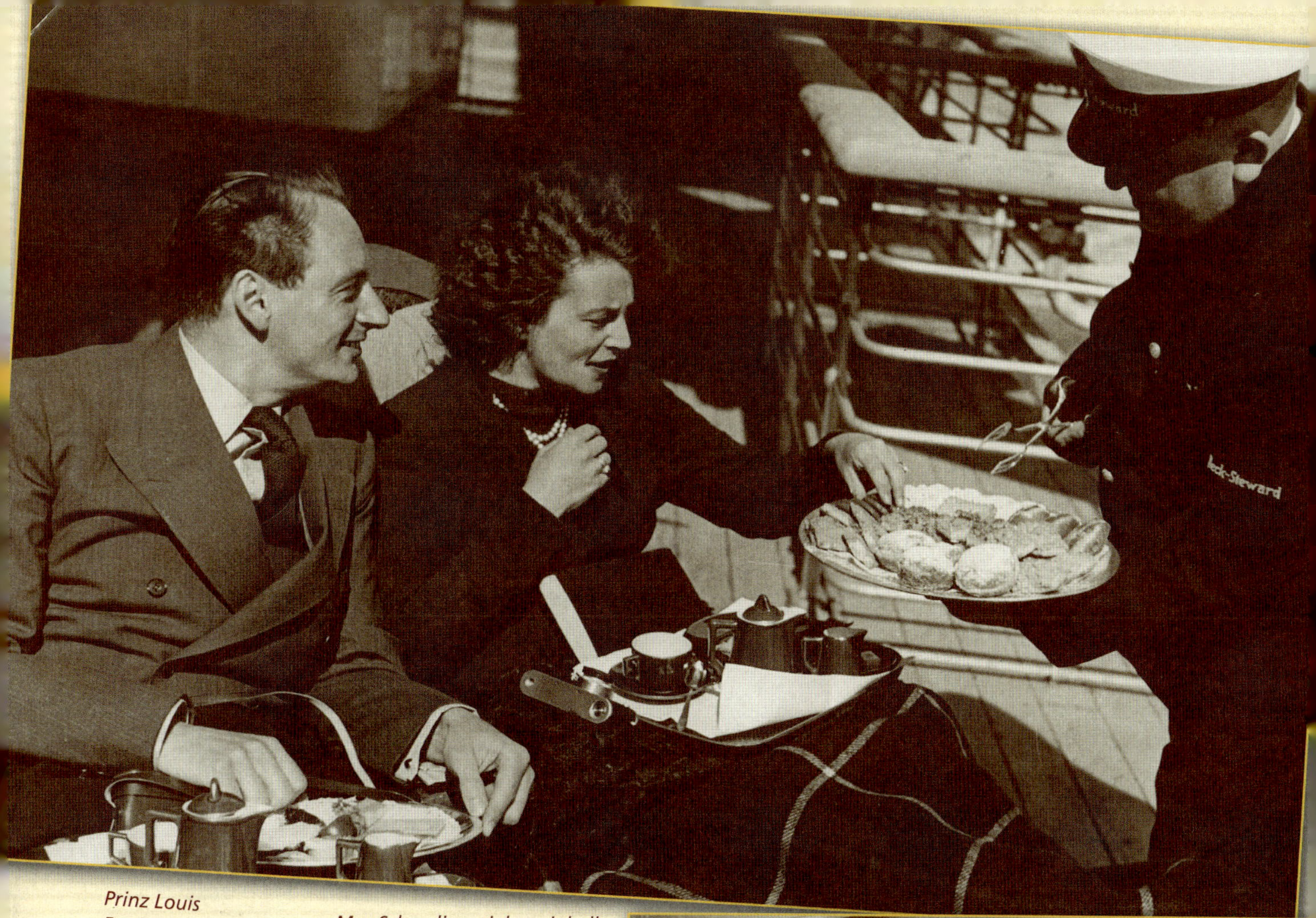

Prinz Louis Ferdinand, Enkel des letzten deutschen Kaisers, und seine Gemahlin, Prinzessin Kyra, beim Nachmittagskaffee an Deck.

Max Schmeling, siebeneinhalb Jahrzehnte lang bis in unsere unmittelbare Gegenwart umjubeltes Sportidol der Deutschen. Hier stattet er den ehrfurchtsvoll bis begeistert wirkenden Mitgliedern der Sportgruppe des Schnelldampfers einen kollegialen Besuch ab – ganz offensichtlich eine Idee zu festlich gekleidet.

Der schönste Platz ist immer an der Theke. Der begnadete Schauspieler Heinrich George läßt es sich gut sein. Auch dem not amused blickenden Herrn links wird schon eingeschenkt.

Für jeden etwas

When you smile at me
I hear Gypsy violins,
when you dance with me
I'm in heaven
when the music begins.

Glenn Miller

Immer eine willkommene Abwechslung: Kaffeeausschank an Deck.

Gleichermaßen beliebt bei Singles und Paaren – die Bar, hier eine auf der BREMEN.

(Alle Fotos: Hanns Tschira. Deutsches Schiffahrtsmuseum)

Greta Garbo Cocktail

2/3 Bacardi Rum
1/3 Cointreau
Juice of half a Lime
3 dashes of Grenadine
1 dash of Absinthe

Die femme fatale traf man auf jedem Ozeanliner.

Der Schnelldampfer REX der Italia,

Rezeptions- und Informationsschalter auf der REX. (Zeitgen. Prospekt)

Die 51 062 BRT große REX wurde 1932 in Dienst gestellt und gewann im August 1933 als einziges italienisches Schiff das Blaue Band. (Zeitgen. Postkarte)

Flotte Riunite

Von den oberen Decks gelangte man über eine geschwungene Treppe hinab in den Speisesaal.
(Zeitgen. Prospekt)

An Bord der REX

Wegen der wärmeren südlicheren Route Mittelmeer–New York hatten REX und ihre Halbschwester CONTE DI SAVOIA als damals einzige Nordatlantik-Liner ein Außenschwimmbad erhalten.

(Alle Abb. aus zeitgen. Prospekt)

Die NORMANDIE

1935 stellte die Cie. Gén. Transatlantique ihre NORMANDIE in Dienst, wahrhaft ein Schiff der Superlative! Sie war das nicht allein wegen ihrer Tonnage von schließlich 83 423 BRT, ihrer Länge von 314 Metern oder ihrer Geschwindigkeit von 30 Knoten, alle drei Zahlen mit Abstand Weltrekord! Selbst ihre unvergleichliche Innenarchitektur erklärte ihre Einmaligkeit nur unvollkommen. Es war eher – wie schon zehn Jahre vorher bei der ILE DE FRANCE – jenes unerklärbare speziell französische Flair, das sie mit einem Schlag zum bevorzugten Lieblingsschiff einer international tonangebenden High Society werden ließ. Die Shiplover in aller Welt faszinierte das eigenwillig-formschöne, moderne äußere Erscheinungsbild der NORMANDIE. Ihr früher Flammentod nach nur vier Dienstjahren – sie brannte 1942 beim Umbau zum Truppentransporter in New York aus – verklärte sie dann vollends und für alle Zeiten zum Mythos.
(Zeitgen. Postkarte)

Wer könnte sich der Faszination dieser Raumschöpfung entziehen – Blick in den Speisesaal der NORMANDIE.

Höhepunkt der Liner-Ära

Die Details des Rauchsalons vermitteln eine Ahnung von der beeindruckenden künstlerischen Ausstattungsfülle der NORMANDIE. (Zeitgen. Postkarte)

Die 81 235 BRT große QUEEN MARY der Cunard Line trat 1936 ihren Dienst auf der Nordatlantikroute an. Sie lief in Fahrplangemeinschaft mit der NORMANDIE, womit beide Schiffe eine bemerkenswerte Symbiose eingingen. Die britische QUEEN MARY stellte der schwerelosen Eleganz ihres französischen Gegenstücks in allen Einzelheiten solide konservative Werte gegenüber, im äußeren Aussehen sowohl wie in der Technik und auch bei der Inneneinrichtung, wie der Blick in die dezente Gesellschaftshalle beweist. Der Dame ganz rechts sind grandiose Begegnungen offenbar gleichgültig. (Foto rechts Hanns Tschira. Deutsches Schiffahrtsmuseum; oben aus zeitgen. Prospekt)

Cunard Liner QUEEN MARY

1936/37 stellte die britische Union-Castle Line drei über 25 000 BRT große Liner für ihre Southampton - Kapstadt-Linie in Dienst, die ATHLONE CASTLE, STIRLING CASTLE und, hier abgebildet, die 27 002 BRT große CAPETOWN CASTLE von 1937.
(Aus zeitgen. Prospekt)

Die Galerie der CAPE-TOWN CASTLE.
(Aus zeitgen. Prospekt)

Flaggschiff im Südafrika-Dienst

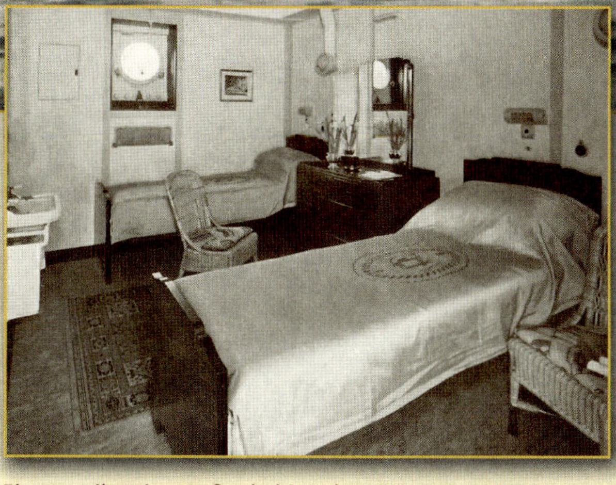

Eine zweibettige Außenkabine der STIRLING CASTLE.
(Aus zeitgen. Prospekt)

Stilvolles Ambiente im Speisesaal

Aus einem Lehrbuch für Stewards

Sobald sich der Passagier dem Tisch nähert, ziehe einen Stuhl hervor und hilf dem Passagier mit einem munteren »Guten Morgen« Platz zu nehmen. Danach lege die Menükarte zu seiner Rechten auf den Tisch.

Passagier: ***Einen Orangensaft, bitte.***
Steward: ***Danke Ihnen, Sir.***

Alle Getränke werden von rechts serviert. Sobald der Passagier den Saft ausgetrunken hat, nehme Glas und Untersatz von rechts fort und reiche ihm die Menükarte.

Steward: ***Was wünschen Sie als Nächstes, Sir?***
Passagier: ***Weizenmüsli, bitte.***
Steward: ***Mit Milch, Sahne oder Früchten, Sir?***
Passagier: ***Milch, bitte.***

Gleichzeitig mit den Cerealien hole frische Brötchen und Kuchen vom Bäcker. Serviere die Cerealien von links, entferne dann auf der rechten Seite den Obstlöffel. Nimm Puderzucker und Milch von der Mitte des Tisches und stelle sie neben die rechte Hand des Passagiers, warte, bis er sich bedient hat, und stelle Milch und Zucker wieder in die Mitte. Lege die nicht benötigten Besteckteile ins Fach zurück. Stelle nun die Brötchen usw. in die Mitte des Tisches. Sobald der Passagier mit den Cerealien fertig ist, reiche ihm erneut von rechts die Menükarte und räume, während er seine Auswahl trifft, von links den Cerealienteller weg.

Passagier: ***Ich denke, ich nehme Eier mit Speck.***
Steward: ***Zwei Eier, Sir?***
Passagier: ***Ja bitte.***
Steward: ***Einseitig gebraten oder gewendet, Sir?***
Passagier: ***Gewendet, bitte.***
Steward: ***Und den Speck knusprig gebraten, Sir?***
Passagier: ***Ja, und bringen Sie mir bitte eine Tasse Tee.***
Steward: ***Selbstverständlich, Sir. Welche Sorte?***
Passagier: ***Indischen, bitte.***
Steward: ***Mit Zitrone, Sir?***
Passagier: ***Nein, danke.***
Steward: ***Ich danke Ihnen, Sir.***

Während dieser Unterhaltung räume das Fischbesteck ab, das Messer von rechts und die Gabel von links. Poliere dann den heißen Teller und plaziere ihn zur Linken des Passagiers, zeige ihm mit einem freundlichen »Ihre Eier mit Speck, Sir« das Gericht, was er mit einem leichten Nicken oder einigen Lobesworten beantworten wird. Dieser Dialog ermöglicht dem Passagier zu beurteilen, ob das auf der silbernen Servierplatte vorteilhaft präsentierte Gericht seinen Wünschen entspricht. Erst jetzt lege Eier und Speck mit Hilfe von Servierlöffel und Gabel auf den Teller, achte darauf, das Eigelb nicht auslaufen zu lassen. Stelle Salz, Pfeffer und Senf in Griffnähe der rechten Hand des Passagiers.

Eingedeckter Vierertisch auf der BREMEN.
(Foto Hanns Tschira. Deutsches Schiffahrtsmuseum)

Ihr Entrée, Madame.
(Foto Richard Fleischhut. Deutsches Schiffahrtsmuseum)

Steward: **Sauce, Sir?**
Passagier: **Ja, Chester's, bitte.**

Hole auf dem Servierbrett die gewünschte Sauce von der Anrichte, schüttle die Flasche gut durch, reiche sie dann ungeöffnet dem Passagier in die rechte Hand. Nachdem Pfeffer, Salz und Senf in die Tischmitte zurückgestellt sind und der Passagier von der Sauce genommen hat, schließe die Flasche und stelle sie auf die Anrichte zurück. Bereite den Tee vor, stelle Tasse, Untertasse und Teelöffel zur Rechten des Passagiers.

Steward: **Wieviel Zucker, Sir?**
Passagier: **Ein Stück, bitte.**

Überzeuge dich beim Eingießen des Tees, daß er stark genug ist, und frage, wieviel Milch zugegeben werden soll. Der Passagier hat inzwischen Messer und Gabel in der Mitte des Tellers zusammengelegt, hat also den Gang beendet. Für uns das Zeichen, ihm erneut die Menükarte rechts vorzulegen. Während er auswählt, räume von links die Frühstücksplatte ab, postiere dich dann wieder rechts und nehme die Bestellung auf.

Passagier: **Einen Pfannkuchen, bitte.**
Steward: **Mit Ahorn- oder goldenem Sirup, Sir?**
Passagier: **Ahornsirup, bitte.**

Decke den angewärmten Teller und die Gabel von der linken und das Messer von der rechten Seite, lege von links den Pfannkuchen auf den Teller, gehe dann nach rechts und reiche den Siruptopf, der unmittelbar nach dem Gebrauch wieder abgedeckt wird. Hat der Passagier diesen Gang beendet, reiche ihm erneut die Menükarte von rechts, räume von links Teller und Besteck ab und stelle dafür einen kleinen Seitenteller auf den Tisch.

Passagier: **Ich möchte nichts mehr, Steward.**
Steward: **Ich danke Ihnen, Sir.**

Räume jetzt von links den Teller ab und stelle von rechts Tasse und Untertasse vor den Passagier. Von links serviere eine Fingerschale mit lauwarmem Wasser und einer dünnen Zitronenscheibe. Nach Gebrauch gleich wieder abräumen. Wenn das Rauchen erlaubt ist, stelle dem Passagier zur Rechten einen sauberen Aschenbecher hin. Wenn Feuer gewünscht wird, benutze Streichhölzer, niemals ein Feuerzeug! Wenn der Passagier schließlich die Tafel zu verlassen wünscht, sei ihm beim Zurückschieben des Stuhls behilflich.

Steward: **Waren Sie mit Ihrem Frühstück zufrieden, Sir?**
Passagier: **Doch, danke, Steward.**
Steward: **Ich danke Ihnen, Sir.**

Sei immer bemüht, die Bedürfnisse des Passagiers vorauszusehen. Sei stets höflich. Setze immer das Höchstmaß deines Könnens ein.

Aus Trayer & Plumb: Ship Steward's Handbook.

Festliches Dinner
(Foto Hanns Tschira. Deutsches Schiffahrtsmuseum)

Darf in keinem Speisesaal fehlen – der Getränkesteward.
(Foto Hanns Tschira. Deutsches Schiffahrtsmuseum)

Stewards mit Nachschub für hungrige Mägen. *(Foto Hanns Tschira. Deutsches Schiff-fahrtsmuseum)*

Das 1930 in Dienst gestellte Motorschiff BALOERAN des Rotterdamsche Lloyd, 16 981 BRT groß, lief bis 1940 als Flaggschiff seiner Reederei im Liniendienst Rotterdam–Batavia.

Auf der 25 689 BRT großen ANDES, 1939 für den Southampton–La Plata-Dienst der Royal Mail Lines und für Kreuzfahrten erbaut, gab es die praktische, aber aufwendige Lösung der Wohnschlafkabine, bei der die Betten tagsüber in die Wand hochgeklappt wurden. (Aus zeitgen. Prospekt)

Daß es geschmackvolle Eleganz längst nicht mehr nur auf den großen Linern gab, beweist dieser Blick in die Gesellschaftshalle der 1938 in Dienst gestellten, 18 673 BRT großen OSLOFJORD der Norske Amerikalinje. (Aus zeitgen. Prospekt)

In dieser Zweibettkabine der OSLOFJORD ließ sich das zweite Bett tagsüber in ein Sofa verwandeln. (Aus zeitgen. Prospekt)

Internationale Liner in den 1930er

AUGUSTUS, Italia, 32 650 BRT, Baujahr 1927, Genua–New York.

LURLINE, Matson Line, 18 021 BRT, Baujahr 1933, San Franzisko–Hawaii.

MANHATTAN, United States Lines, 24 289 BRT, Baujahr 1932, New York–Hamburg.

Jahren auf zeitgenössischen Postkarten

REINA DEL PACIFICO, Pacific Steam Nav., 17 707 BRT, Baujahr 1931, Liverpool–Valparaiso.

ASAMA MARU, Nippon Yusen, 16 975 BRT, Baujahr 1929, Yokohama–San Franzisko.

AVILA STAR, Blue Star Line, 12 872 BRT, Baujahr 1927, London–La Plata.

Anzeige der Nippon Yusen Kaisha 1940.

Japanische Luxusliner

Als erstes von drei Schwesterschiffen kam 1940 die 17 150 BRT große NITTA MARU der Nippon Yusen Kaisha in Fahrt, und zwar nicht, wie vorgesehen zwischen Yokohama und Hamburg, sondern wegen des Krieges im Transpazifikdienst nach San Franzisko. (Zeitgen. Postkarte)

Die Gesellschaftshalle der NITTA MARU. *(Aus Ships of the World)*

Häfenstädte in den

(Fotos: Hanns Tschira. Deutsches Schiffahrtsmuseum)

1930er Jahren

Havanna

Häfen in den

iner im Hafen von Southampton. Vorn die 1907 in Dienst gestellte, 30 696 BRT große MAURETANIA der Cunard Line, in der Mitte die LACONIA, ebenfalls Cunard, und dahinter die HOMERIC, ehemals COLUMBUS, 34 351 BRT, 1922 in Dienst gestellt.

(Foto Hanns Tschira. Deutsches Schiffahrtsmuseum)

1930er Jahren

Manila

An der Pier in Manila die PRESIDENT COOLIDGE der Dollar Line aus San Franzisko, 21 936 BRT, 1931 erbaut. (Foto Hans Engelmeyer. Deutsches Schifffahrtsmuseum)

Sâo Paulo

(Foto Hanns Tschira. Deutsches Schiffahrtsmuseum)

Peking

Port-au-Prince

Colombo

(Fotos: Hanns Tschira. Deutsches Schiffahrtsmuseum)

Ferne Länder

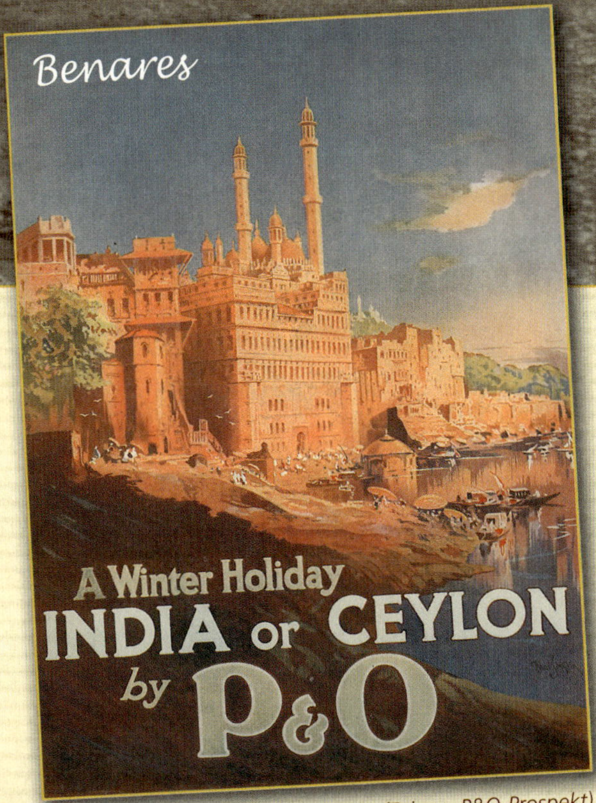

(Zeigen. P&O-Prospekt)

Menschen

Die Begegnungen mit Menschen anderer Kulturkreise gehören zu den nachhaltigsten Eindrücken bei Reisen in ferne Länder.

Japanischer Modevorschlag in den 1930er Jahren.

Koreanischer Würdenträger.

Indische Kinder in Benares. (Foto Olaf Dankert, 2001)

Peruanische Geschwister in den Anden. (Foto Patricia Surbir, 2004)

in aller Welt

Kinder auf den Philippinen.

Weißgeschminkte Farbige in Trinidad.

Entertainment für Touristen in Port of Spain, Trinidad.

Findelkinder in einem Heim in Havanna. *(Fotos, soweit nicht anders vermerkt, aus den 1930er Jahren von Hanns Tschira. Deutsches Schiffahrtsmuseum)*

Blick auf die Überseebrücke im Hamburger Hafen. Rechts das 1929 in Fahrt gekommene Motorschiff ST. LOUIS der Hapag, 16 732 BRT groß, links daneben die 25 484 BRT große WILHELM GUSTLOFF, 1938 als Kreuzfahrtschiff für »Kraft durch Freude« in Dienst gestellt. (Foto Hans Hartz. Deutsches Schiffahrtsmuseum)

Reiseziele

Edinburgh *(Foto Hanns Tschira. Deutsches Schiffahrtsmuseum)*

Genua, erste Seehandelsstadt Italiens und geschäftigster Hafen des Mittelmeers. Einzigartig ist der Anblick, wenn man sich dem Ort vom Meere aus nähert. Mit einer Kühnheit ist die Stadt amphitheatralisch an den Hängen und Schluchten des Apenninausläufers malerisch aufgebaut ...Wir sehen Riesenschiffe aller Nationen. Wir fahren auch an dem größten Luxusdampfer Italiens – Rex – vorbei. Er soll wunderbar mit allem Komfort und der neuesten Technik ausgerüstet sein. (Annaluise Meschke) Unser Foto aus den 1930er Jahren zeigt zwar nicht die REX, aber ihr 1932 gebautes, 48 502 BRT großes Quasi-Schwesterschiff CONTE DI SAVOIA vermittelt das gleiche Gefühl der Bewunderung.
(Zeitgen. Postkarte)

Gelänge ein Durchstich der Art, daß man mit Schiffen von jeder Ladung und jeder Größe durch solchen Kanal aus dem Mexikanischen Meerbusen in den Stillen Ozean fahren könnte, so würden daraus für die ganze zivilisierte und nichtzivilisierte Menschheit ganz unberechenbare Resultate hervorgehen, so äußerte sich der Dichterfürst Johann Wolfgang Goethe schon mehr als hundert Jahre vor der Eröffnung des 1915 fertiggestellten Kanals, in dessen Gatunschleuse hier die COLUMBUS des Lloyd einfährt.
(Foto Hanns Tschira. Deutsches Schiffahrtsmuseum)

Die Weltmetropole

Die BREMEN dreht mit Schlepperhilfe vor dem Pierkopf, auf dessen Balkon sich Schaulustige drängen. Die Besatzung steht klar zum Anlegemanöver. Im Vordergrund die Schrankkoffer der Passagiere. *(Foto Hanns Tschira. Deutsches Schiffahrtsmuseum)*

Winterliche Einfahrt nach New York. Vor dem Gasometer die von der Hamburg-Amerika Linie und dem Norddeutschen Lloyd gemeinsam genutzten Piers in Höhe der 44. Straße. (Foto Hanns Tschira. Deutsches Schiffahrtsmuseum).

Manhattan vom Empire State Building. (Foto Hanns Tschira. Deutsches Schiffahrtsmuseum)

Infoschalter in der Pierhalle mit Warnung vor Taschendieben, die natürlich in den neu angekommenen und in der fremden Umgebung noch unsicheren Fahrgästen leicht zu übertölpende Opfer sehen. (Foto Hanns Tschira. Deutsches Schiffahrtsmuseum)

New York in den 1930er Jahren

Beim Durchfahren der Magellanstraße ist der Pelzmantel oft recht nützlich, auch wenn man die grandiose, aber meist unwirtliche Landschaft wie hier bei Sonnenschein passiert.

Fröhlich und beschwingt promeniert es sich auf der *GENERAL VON STEUBEN.*

Unbeschwerte Stunden an Deck

Auf den Routen nach Süden ist der Äquator zu überqueren, seit Jahrhunderten Anlaß für die martialisch-ausgelassene Prozedur der Äquatortaufe, bei der den Delinquenten – das sind alle, die noch nie die südliche Hälfte der Erde betraten – der Staub der nördlichen Erdhälfte gründlichst abgeschrubbt wird. (Alle Fotos aus den 1930er Jahren von Hanns Tschira. Deutsches Schiffahrtsmuseum)

Spiel und Sport an Bord

Der zünftige Dress ist obligatorisch: Golf auf der COLUMBUS.

Tennis auf der GENERAL VON STEUBEN des Norddeutschen Lloyd.

(Alle Fotos von Hanns Tschira. Deutsches Schiffahrts-museum)

Das beliebte Wettspiel Pferderennen auf der CAP ARCONA. (Hamburg-Süd)

Sportliche Damen im Gymnasium der BREMEN.

Amerikanische Studenten beiderlei Geschlechts beim Tauziehen auf der COLUMBUS.

Shuffleboard auf der GENERAL VON STEUBEN.

Impressionen von unterwegs

Rückkehr von einem Landausflug zur auf Reede liegenden COLUMBUS.

Auch in Southampton ankert die COLUMBUS auf Reede. Ein Tender hat längsseits angelegt und bringt die Passagiere und ihr Gepäck an Bord, man beachte die riesigen Schrankkoffer im Vordergrund.

Die Passagiere der EUROPA rüsten zu einem Ausflug mit Tourenwagen ins Landesinnere.

(Alle Fotos aus den 1930er Jahren von Hanns Tschira. Deutsches Schiffahrtsmuseum)

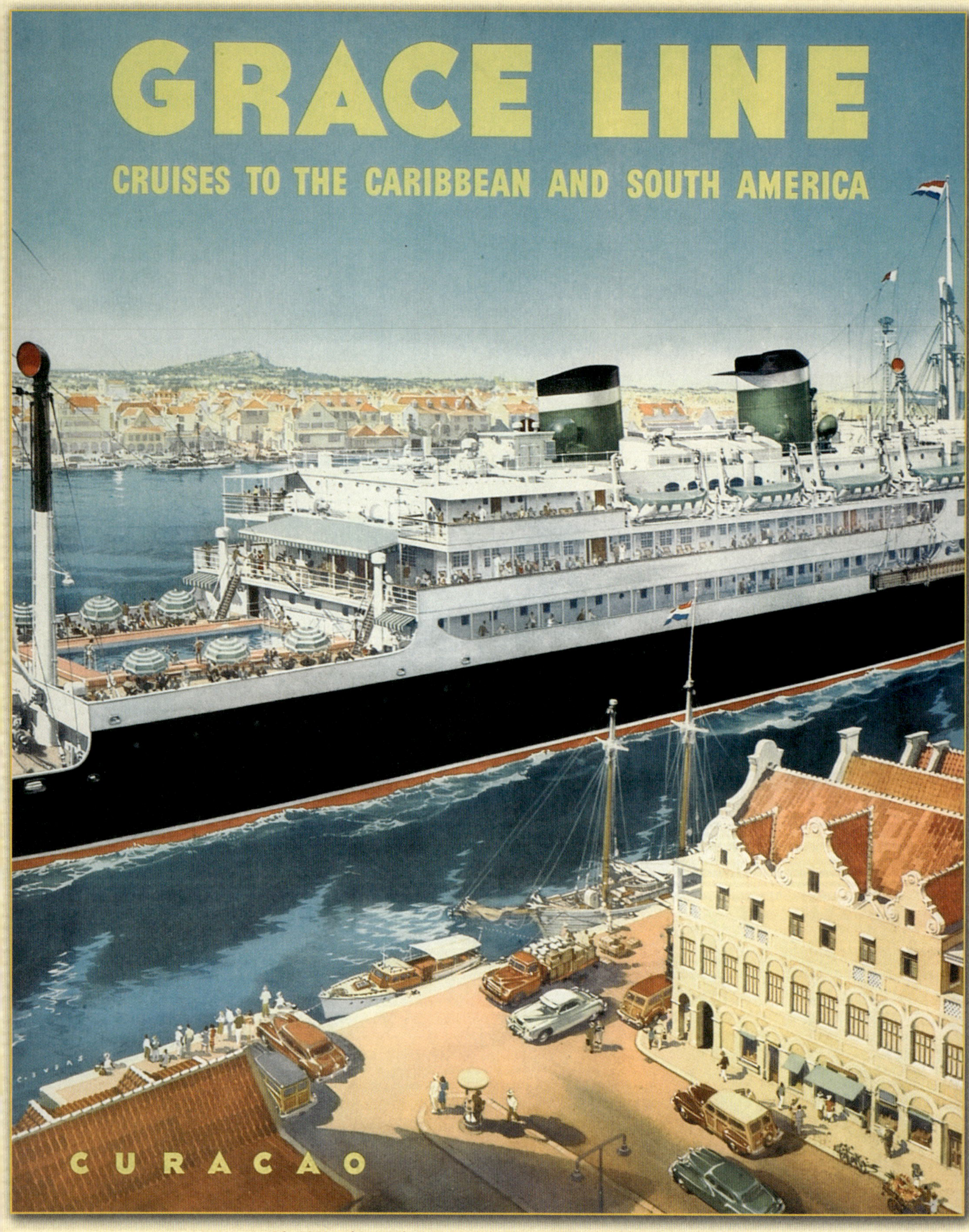

Die 1932 gebauten luxuriösen Schwesterschiffe SANTA PAULA und SANTA ROSA, je 9 135 BRT groß, der amerikanischen Grace Line verkehrten zwischen New York und Mittelamerika; das Werbeplakat zeigt eins der Schiffe beim Einlaufen nach Willemstad. (Deutsches Schiffahrtsmuseum)

Klassengesellschaften

In den Reiseberichten des vorigen Kapitels ist von den verschiedenen Kategorien der Passagierunterbringung zu lesen, was eine gute Gelegenheit ist, die wichtigsten Klassenbezeichnungen in einem kurzen Überblick vorzustellen.[36] Eigentlich brauchte uns in diesem Buch über den Luxus auf See ja nur die Erste Klasse zu interessieren, aber selbst diese wurde im Laufe der Jahre unterschiedlich bezeichnet. Außerdem übertraf, wie schon erwähnt, jede neue Schiffsgeneration ihre Vorgängerinnen, was durchaus bedeuten konnte, daß die Zweite Klasse eines neuen Schiffes an die Erste Klasse des alten heranreichte. Über einen längeren Zeitraum betrachtet übertraf sie diese sogar erheblich. Grundsätzlich galt dies auch für das Verhältnis der Dritten zur Zweiten Klasse und so fort.

Die Bezeichnungen der einzelnen Passagierklassen sind grundsätzlich in das Belieben der Reedereien gestellt. Da die ersten Dampfer – mit wenigen Ausnahmen – nur eine einzige Passageklasse anboten, erübrigte sich die Klassifizierung der Fahrgasteinrichtung. Daß diese auf Überseerouten aus Kabinen bestand, brauchte als Selbstverständlichkeit nicht betont zu werden. 1847 gab es auf dem britischen Dampfer SARAH SANDS zum ersten Mal neben der Ersten noch eine Zweite Klasse, in der damals meist nur die Bediensteten der reichen Passagiere untergebracht wurden; außerdem konnte auf der SARAH SANDS das Zwischendeck für die Unterbringung von Auswanderern hergerichtet werden. Bis 1850 hatte sich dieses Mehrklassensystem auf dem Nordatlantik weitgehend durchgesetzt, und damit war es notwendig geworden, die Rangordnung zu benennen. Im englischen Sprachgebrauch nannte man die besseren Kabinen im Achterschiff meist first cabin oder first class, während im Vorschiff die second cabin oder second class lag. Im Deutschen sprach man von Erster und Zweiter Kajüte bzw. Klasse. Die Bezeichnung class/Klasse verdrängte im Laufe der Jahre den sprachlich ja ungenaueren Ausdruck cabin / Kajüte.

Zu solcher erstrebenswerten Vereinheitlichung trugen schließlich auch internationale Dachorganisationen der Passagierschiffsreedereien bei. Im Juli 1885 hatten sich auf Initiative der Hapag die vom europäischen Festland nach den USA operierenden Reedereien Hapag, NDL, Holland-Amerika Lijn und die belgische Red Star Line zu einer Konferenz der nordeuropäischen Dampferlinien zusammengeschlossen, die durch Vereinbarungen ruinöse Preiskämpfe verhindern sollte. Dies konnte u.a. auch dadurch erreicht werden, daß die zum Teil unterschiedlichen Bezeichnungen der einzelnen Passagierklassen vereinheitlicht und damit für den Fahrgast vergleichbar wurden. Im Januar 1892 unterzeichnete man in Hamburg die in harten Verhandlungen erreichten Ergebnisse und gründete damit den Nordatlantischen Dampferlinien-Verband. Dieser versuchte nun, über die vier Gründer-Reedereien hinaus, weitere Vertragspartner zu werben, was sich aber wegen der unterschiedlichen Interessenlagen als überaus schwierig erwies. Selbst unter den vier Gründern kam es immer wieder zu Konflikten bis hart an die Grenze der Selbstauflösung. Ebenso erging es den vielen britischen Reedereien, die sich mehr oder minder erfolgreich um Vereinbarungen bemüht hatten. Erst unter dem Eindruck der schweren internationalen Wirtschaftskrise von 1907 gelang im Februar 1908 auf einer Konferenz aller Nordatlantik-Reeder in London der entscheidende Schritt vorwärts. Fünfzehn Reedereien aus sieben Ländern, das waren praktisch alle Nordatlantik-Gesellschaften außer den Mittelmeer-Reedern, schlossen sich zur Atlantic Conference zusammen. Diese regelte jetzt erstmals das Neben- oder auch Gegeneinander in der Fahrpreisgestaltung für die verschiedenen Passageklassen. Besonders im sogenannten Kajütsge-

36 Vergleiche Bonsor, North Atlantic Seaway, Vol. 5. Seite 1823.

schäft, also der Ersten und Zweiten Klasse, waren viele Steine des Anstoßes aus dem Weg zu räumen. Schließlich setzte man in einer komplizierten Bewertung von Größe, Alter und Geschwindigkeit jedes einzelnen Schiffes die Mindesthöhe der Passagepreise für die Erste und Zweite Klasse fest. Das Zustandekommen dieser Atlantic Conference – wie auch schon 1885 des Dampferlinien-Verbandes – war maßgeblich dem Verhandlungsgeschick eines Mannes zu verdanken, dem Generaldirektor der Hamburg-Amerika Linie, Albert Ballin. – Die Atlantic Conference setzte ihr erfolg- und segensreiches Wirken bis zum Ende der Linienpassagierschifffahrt auf dem Nordatlantik fort.

Doch zurück in die 1850er Jahre, als sich die Klasseneinteilung etablierte. Die dritte Kategorie, die so gut wie ausschließlich von Auswanderern genutzt wurde, erhielt die Bezeichnung steerage[37], was Zwischendeck bedeutet. Diese niedrigste Klasse der Unterbringung bot keinerlei Komfort. In großen Sälen waren eng an eng hunderte von zweigeschossigen Betten aufgestellt, Gesellschaftsräume gab es nicht, und gegessen wurde an primitiven Klapptischen. Männer und Frauen waren in getrennten Sälen untergebracht, Kinder bis ca. 14 Jahren blieben bei den Müttern. Die Zwischendeckeinrichtungen wurden bis ins 20. Jahrhundert fast ausschließlich für die Überfahrt von Auswanderern aus Europa nach Amerika genutzt. Da in umgekehrter Richtung Auswanderer als Passagiere nicht in Erscheinung traten, demontierte man vor der Rückreise die einfachen Bettgestelle, um das Zwischendeck für Ladung nutzen zu können. Schon ab 1870 boten einzelne große Reedereien ihren Zwischendeckspassagieren sehr spartanische Vier- oder Sechsbettkabinen an, die besonders von Familien mit Kindern gebucht wurden. Diese neue Kategorie bezeichnete man später auch als Dritte Klasse, unter der es natürlich weiterhin das Zwischendeck als quasi Vierte Klasse gab. Von den US-Einwanderungsbehörden wurde diese neue Klassenbezeichnung übrigens ignoriert; wenn die neue Dritte Klasse von Auswanderern genutzt wurde, galt sie weiterhin als steerage. Hamburg-Amerika Linie und Norddeutscher Lloyd z. B. hatten in ihren Inseraten schon 1858 das Zwischendeck als Dritte Klasse benannt, also lange bevor es dort Kabinen gab.

In den 1870er Jahren hatte man die Zweite Klasse nach achtern verlegt, während die dort bisher beheimatet gewesene Erste Klasse jetzt in die Schiffsmitte zog. Die Zwischendecker logierten nun in dem unter der Ersten Klasse gelegenen Deck. Mit den weiter wachsenden Schiffsgrößen gab es in den 1890er Jahren bei Schiffen mit drei Passagierklassen erneut eine Umgruppierung: Der Ersten Klasse gehörte jetzt der gesamte Mittelschiffbereich, die Zweite Klasse blieb im Achterschiff, während die Zwischendecker ins Vorschiff umzogen. Damit hatte das in unserem Kontext verwendete Wort steerage = Zwischendeck seinen Bezug zur ursprünglichen Ortsbezeichnung verloren und war zum passagetechnischen Terminus technicus geworden.

Ab ca. 1913 kamen die Besitzer älterer Schiffe auf die Idee, die Erste und Zweite Klasse zu einer neuen Kabinenklasse zusammenzulegen, die preislich deutlich unter der Ersten Klasse angesiedelt war. Diese Regelung erkannte die Atlantic Conference 1921 erstmals offiziell an.

Das vorstehend Gesagte wurde bis 1924 grundsätzlich von allen internationalen Reedereien praktiziert, jedenfalls auf dem Nordatlantik. Weitere Bezeichnungen und meist kurzzeitige Ausnahmen können hier also ignoriert werden. 1924 brachte dann die amerikanische Regierung das ganze schöne Ordnungsgefüge durcheinander. Nicht, daß sie von sich aus neue Klassenbezeichnungen erfand oder gar vorschrieb, – nein, sie entzog per Verwaltungsakt einer ganzen Klassenbezeichnung die Existenzgrundlage. Die Amerikaner und mit ihnen die Kanadier waren 1922 zu dem Schluß gekommen, daß ihr Boot voll sei, sprich, daß sie die seit Jahrzehnten hohen Einwandererziffern durch das »United States 3% Immigration Restriction Act« drastisch beschränken wollten. Dieses Gesetz begrenzte die Zahl der jährlich zur Einwanderung zugelassenen Personen auf drei Prozent der im Ausland geborenen Amerikaner, wobei die drei Prozent für jede Volksgruppe auf den Kopf genau ausgerechnet wurden. 1924 reduzierte

37 Diese in der Passagierschiffahrt gebräuchliche Verwendung des Wortes als Klassenbezeichnung findet man selbst in Fachwörterbüchern nur höchst selten. Im Schiffbau bezeichnet man das unter dem Hauptdeck gelegene Deck als Zwischendeck.

man diese Quote noch einmal um ein Drittel, nämlich auf zwei Prozent. Aus Deutschland z. B. durfte also pro Jahr nur die Anzahl Personen nach Amerika auswandern, die drei bzw. zwei Prozent der in Deutschland geborenen Amerikaner entsprach. Dieser Schritt hatte auf die internationale Passagierschiffahrt wahrhaft gravierende Auswirkungen, wie folgende Zahlen beweisen: 1913 waren 1 393 400 Menschen aus Europa nach den USA und Kanada ausgewandert. 1923 waren es nur noch 468 000, davon 67 607 Deutsche, und 1924 gar nur noch 235 000 Menschen, davon 51 227 deutsch! Die jahrzehntelang sozusagen immer von selbst voll gewordenen Zwischendecks waren plötzlich obsolet.

Die Reeder mußten sich neue Kundenströme erschließen und fanden diese in der neuen Spezies der Touristen, die sich erst besonders unter den Nordamerikanern, später aber auch in Europa fanden. Diese stellten natürlich höhere Ansprüche an ihre Unterbringung als die früheren Auswanderer, man mußte also das Zwischendeck bzw. die Dritte Klasse beträchtlich aufwerten. Auf diese Weise entstand 1925 die III. Klasse für Touristen, die ab November des Jahres von der Atlantic Conference offiziell als eigenständig anerkannt wurde. Auf vielen Schiffen gab es nun also vier Klassen, die I., II., III. für Touristen und die III. Klasse. 1931 legte die Atlantic Conference die II. Klasse mit der III. für Touristen zusammen, die nun einfach Touristenklasse hieß. Darunter gab es dann nur noch die III. Klasse.

Inzwischen waren immer mehr Reedereien dazu übergegangen, die obere Klasse ihrer Neubauten als Kabinenklasse zu bezeichnen, also sozusagen eine Erste Klasse zweiter Klasse, was das Tarifsystem für den Passagier unübersichtlicher machte, aber von der Atlantic Conference mehrheitlich beschlossen wurde. Doch dann nominierte Cunard 1936 die Topklasse der 80 000 BRT großen QUEEN MARY als Kabinenklasse und erhob damit diese 1913 als Erste-Klasse-Ersatz gedachte Kategorie sozusagen in den Adelsstand. Der Atlantic Conference blieb nichts anderes übrig, als jetzt auch alle anderen Ersten Klassen, einschließlich jener der NORMANDIE, ebenfalls als Kabinenklasse zu führen. Bis zum Zweiten Weltkrieg blieb es bei der Regelung Kabinen-, Touristen- und III. Klasse.

Werfen wir noch einen Blick auf die Nachkriegszeit. Die beginnt zwar erst im nächsten Kapitel, endete in Bezug auf die Passagierklassen aber schon in den 1960er Jahren, so daß wir das Thema hier abschließend zu Ende bringen können. Als die QUEEN ELIZABETH 1946 ihre Jungfernreise machte, sorgte sie für eine Überraschung. Ihr Schwesterschiff QUEEN MARY hatte, wie beschrieben, zehn Jahre zuvor die Kabinen- zur obersten Klasse erhoben. Jetzt hieß es bei Cunard: Kommando zurück. Die QUEEN ELIZABETH fuhr jetzt mit I. Klasse, Kabinenklasse und Touristenklasse. Drei andere Superliner hatten den Krieg überlebt und kehrten bis 1949 – ebenfalls mit dieser neuen Konfiguration – wieder in den Passagierdienst zurück, die QUEEN MARY, die ILE DE FRANCE sowie die LIBERTÉ ex EUROPA. Mit der UNITED STATES folgte 1952 der erste Nachkriegsneubau eines Superliners. Sie hätte der letzte große Dreiklassen-Neubau für den Nordatlantik sein können, denn die 1962 in Fahrt gekommene FRANCE war schon ein Zweiklassenschiff mit Erster und Touristenklasse, wie es auf dem Nordatlantik seit 1951 allgemein üblich geworden war. Allerdings hatten die Italiener beschlossen, ihrerseits den Schlußpunkt hinter die Geschichte der Dreiklassenschiffe zu setzen, was sie mit MICHELANGELO und RAFFAELLO 1965 in die Tat umsetzten.

Damit war, wie bereits erwähnt, das Zeitalter der Dreiklassengesellschaft auf Luxusschiffen beendet. Inzwischen sind auch zwei Klassen nur noch auf Fährschiffen anzutreffen. Und seit in den 1970er Jahren das neue Zeitalter der Cruise Industry heraufzuziehen begann, hat die 1789 ausgerufene *Égalité* endlich auch die Luxusschiffe erreicht. Im letzten Kapitel werden wir sehen, was es damit auf sich hat.

Cunard-Plakat für den Kanada-Dienst der vier 22 000-Tonner der SAXONIA-Klasse, 1954-56 erbaut.

Schwanengesang einer Ära

Es könnte durchaus sein, daß die Blütezeit der Passagierschiffahrt schon in der Vergangenheit liegt. Die Liner können niemals mehr die einzigartige Bedeutung haben, die ihnen als einzigem interkontinentalen Verkehrsmittel früher eigen war; die Passagierflotten werden niemals größere Fahrgastzahlen erreichen als in den vergangenen Jahren. Allerdings bietet die ureigene Anziehungskraft des Schiffs und der Seereise den Reedereimanagern die Möglichkeit einer neuen Zukunft auf einer veränderten Grundlage. Dieses kommende Jahrzehnt wird eine Zeit neuer Pionierleistungen in diesem alten Wirtschaftszweig sein.

Mit diesem Statement kommentierte die Londoner Times am 13. März 1961 im Editorial ihrer Beilage *Sea Travel in the Sixties* punktgenau die Situation der Überseepassagierschiffahrt, woran auch die verständlicherweise falsche Prognose über die Passagierzahlen nichts ändert.

Die Times hatte damals durchaus schon den Übergang von der Linien- zur Kreuzfahrt im Auge, zu einer Zeit, da noch für alle Fahrtgebiete Linientonnage gebaut und in Dienst gestellt wurde. Noch waren die Reeder überzeugt, daß sie sich neben dem Luftverkehr einen lohnenden Anteil am Überseeverkehr bewahren könnten. Zu Beginn der 1970er Jahre hatten sich solche Wunschvorstellungen als Illusion erwiesen; bis auf die gelegentlichen Cunard-Reisen gab es bald keinen interkontinentalen Überseeverkehr mit Passagierschiffen mehr. Zwar gab es noch Leute wie jenen Herrn auf der Gangway, der auf die Frage, warum er denn mit dem Schiff statt mit dem Flugzeug reise, sarkastisch antwortete: *I can swim, but I can't fly.* Leute seinesgleichen würden die Atlantikliner wohl kaum füllen.

Dabei hatte nach Kriegsende alles so schön begonnen. Schon 1946 wurde sogar wieder ein »größtes Schiff der Welt« auf Jungfernreise über den Atlantik geschickt, die 83 673 BRT große QUEEN ELIZABETH der Cunard Line. Natürlich war dieser Gigant ein Überbleibsel aus der Vorkriegszeit, schon 1938 als Schwesterschiff der QUEEN MARY vom Stapel gelaufen. 1940 hatte man das Schiff in einer spektakulären Aktion direkt von der Bauwerft nach New York überführt, und danach lief es fünf Jahre lang als größter Truppentransporter der Geschichte über die Weltmeere. Ihre Jungfernreise als Passagierdampfer trat die QUEEN ELIZABETH deshalb erst im Oktober 1946 an, auf der klassischen Linie Southampton – New York. Ein Jahr später lief für Cunard ein weiterer sensationeller Neubau vom Stapel, die 34 000 BRT große CARONIA, ein in erster Linie für Luxuskreuzfahrten vorgesehener Liner der Extraklasse. Der Bau dieses Luxusschiffes gleich nach dem Zweiten Weltkrieg wurde allgemein als ein Signal für den Aufbruch in eine glückliche Zukunft empfunden.

Es schien also alles wie vor 1939 weiterzugehen, nach wie vor würden die großen und klangvollen Namen der Vergangenheit die Welt der Luxusschiffe dominieren! Doch dieser Eindruck täuschte, wie sich schon Anfang der 1950er Jahre zeigen sollte. Damals stellten die Italiener vier ultramoderne 30 000-Tonner in Dienst, deren atemberaubend elegantes, stromlinienförmiges Aussehen eine neue Schule des Schiffsdesigns begründete, deren Einfluß über Jahrzehnte prägend blieb. Die weltberühmte ANDREA DORIA war die erste Repräsentantin dieses Stils. Die vielen in den 1950er Jahren in Fahrt gekommenen Liner in der Größenklasse 20 000–30 000 BRT können und sollen hier gar nicht alle erwähnt werden, ebensowenig die vielen in den Nachkriegsjahren modernisierten Vorkriegsliner. Niemand konnte – oder wollte? – sich damals vorstellen, daß die heile Welt der großen Linienpassagierschiffe einmal in Frage gestellt werden könnte!

Zumal bald auch wieder Superliner gebaut wurden. 1952 fegte die UNITED STATES auf Anhieb sämtliche Schnelligkeitsrekorde aus der Vorkriegszeit hinweg. Sie begnügte sich dabei nicht mit Knotenbruchteilen, sondern war gleich fünf Knoten bzw. achteinhalb Stunden schneller als die QUEEN MARY 1938.

1960/61 stellten P&O Line und Orient Line mit CANBERRA und ORIANA zum ersten Mal über 40 000 BRT große Liner auf der Linie Southampton – Australien in Dienst. Im November 1961 machte die FRANCE ihre Probefahrten; dieses Schiff sollte bis zur Indienststellung der QUEEN MARY 2 für 42 Jahre das längste Passagierschiff der Welt bleiben.

Trotz dieser Lebensbeweise hatte die Londoner Times recht, als sie 1961 die Blütezeit der Passagierschiffahrt in der Vergangenheit ansiedelte. Dies gilt uneingeschränkt auch trotz der Tatsache, daß die Italiener noch 1965 zwei 46 000 BRT große und schnelle reine Transatlantikschiffe mit drei Passagierklassen in Dienst stellten, die MICHELANGELO und die RAFFAELLO. Und selbstverständlich ist auch die 1969 zwischen Southampton und New York in Fahrt gekommene QUEEN ELIZABETH 2 mit ihren 66 000 BRT kein Gegenbeweis. Das Ende des Zeitalters der Linienpassagierschiffahrt war 1958 mit dem ersten transatlantischen Linienflug eines Düsenflugzeugs, der britischen Comet, endgültig und zwangsläufig eingeläutet worden. Das wurde ab 1970 deutlich, als auch die letzten weltberühmten Linienreedereien den Passagierverkehr auf dem Nordatlantik aufgaben. 1972 strich Hapag-Lloyd die Flagge, 1974 mußte die Cie. Générale Transatlantique ihre FRANCE aus der Fahrt nehmen, und 1975 folgte die Italia, die nach gerade einmal zehn Jahren ihre beiden Spitzenschiffe in Genua auflegen mußte. Die schwimmenden Vier-Sterne-Hotels – ein Jahrhundert lang Inbegriff luxuriösen Reisens und technischen Fortschritts, Repräsentanten nationaler Größe, umjubelte Sieger im Kampf um das Blaue Band – sie hatten plötzlich keine Existenzberechtigung mehr! Für einige Jahre priesen sich jetzt die sowjetische Staatsreederei und die ebenfalls staatliche polnische Gdynia-Amerika Line als alleinige Vertreter der transatlantischen Passagierschiffahrt an, mußten sich aber bald davon überzeugen, daß kommunistisches Prestigestreben keinen Ersatz für die große westliche Tradition auf dem Nordatlantik zu bieten vermochte.

Bleibt noch die Cunard Line, die ihren Transatlantikdienst ja schließlich niemals aufgegeben hat, sondern im Gegenteil erst 2003 noch einmal einen Neubau für diese Route in Dienst stellte, die bereits erwähnte QUEEN MARY 2, mit fast 150 000 Tonnen der größte Liner der Welt! Diesen verdienten Ruhm der Cunard Line will, kann und wird niemand schmälern. Diese älteste und berühmteste Nordatlantikreederei ist der denkbar würdigste Garant für die Erhaltung dieser maritimen Tradition. Genau das ist es! Als Cunard sich 1963 entscheiden mußte, wie die Zukunft ihres Nordatlantikdienstes nach dem für 1967/68 anstehenden Verkauf der beiden 80 000-Tonnen-Queens aussehen sollte, kam man sehr schnell zu dem Ergebnis, daß eine Fortsetzung der Tradition nur mit einem sogenannten Dual-Purpose-Schiff möglich sei. Mit einem Doppelzweckschiff also, für den Nordatlantikdienst und die Kreuzfahrt gleichermaßen geeignet. Ein solches Schiff wurde dann 1969 mit der QUEEN ELIZABETH 2 in Dienst gestellt. Damit war es Cunard möglich, während der Hauptreisezeiten im Früh- und Spätsommer fahrplanmäßige Reisen Southampton-New York – und vice versa – anzubieten. Außerhalb dieser Saison fuhr das Schiff, stets der Sonne folgend, in der weltweiten Kreuzfahrt. Diese erfolgreiche Doppelrolle der QUEEN ELIZABETH 2 begründete inzwischen eine neue, eigene und überaus erfolgreiche Tradition, die sich in unserer Gegenwart in der QUEEN MARY 2 fortsetzt.

Die uns schon aus den vorigen Kapiteln bekannte Idee der Dual-Purpose-Liner paßte sich den gewandelten Anforderungen an den Passagierverkehr der Nachkriegszeit an. Den großen Auswandererboom aus dem kriegszerstörten Europa hatten die älteren Liner bewältigt, er war zudem in den 1950er Jahren ausgeklungen. Damit hatte eine III. Klasse ihre Existenzberechtigung weitestgehend verloren. Auf den meisten Linern der Nachkriegszeit gab es nur noch die Erste und die Touristenklasse. Für die großen, klassischen Routen nach Afrika und Australien bauten die führenden britischen Reedereien fast 30 000 BRT große Zweiklassenschiffe. Die Union-Castle Line zwei Schiffe mit 214 Passagieren in der Ersten und 541 in der Touristenklasse, P&O Line eins mit 758 Passagieren Erster und 401 in der Touristenklasse und die Orient Line ebenfalls eins mit 773 in der Ersten und 772 in der Touristenklasse. Auf den Nordatlantiklinern der 1950er Jahre stand einer zahlenmäßig kleineren I. Klasse, die meist im oberen Bereich der Aufbauten angesiedelt war, eine große Touristenklasse gegenüber. Beim Typschiff der zwischen 1954 und 1957 in Dienst gestellten vier 22 000 BRT großen Cunard Linern der SAXONIA-Klasse für den Nordatlantikdienst gab es 110 Plätze in der I. Klasse und 819 in der Touristenklasse. Trotz des Zahlenverhältnisses von 110 : 819 stand der I. Klasse fast die Hälfte der Salons und Decksflächen zur Verfügung.

Während die Kabinen der I. Klasse durchgehend mit Bad bzw. Dusche und WC ausgerüstet waren, fand man in den Kabinen der Touristenklasse – wie vor dem Krieg in der II. Klasse – lediglich fließendes kaltes und warmes Wasser vor; Bäder und WCs waren in nahe den Kabinen gelegenen Sanitärbereichen untergebracht. Die 1960er Jahre ließen dieses wichtige Komfortelement schließlich zur Selbstverständlichkeit werden. Neubauten ohne Bad oder wenigstens Dusche und WC waren nicht mehr denkbar; selbst auf Fährschiffen bald nicht mehr, die ja zwischen ihren Zielhäfen höchstens eine Nacht unterwegs waren. Aber selbst bei den großen Luxusschiffen stellte sich dieser Fortschritt nur Schritt um Schritt ein, wie sich am Beispiel der nach dem Zweiten Weltkrieg erbauten über 30 000 BRT großen Liner ablesen läßt.

Nordatlantik						Passagiere				
Baujahr	Name	Reederei	Bauort	BRT	kn	I	K/II	T	Ges.	Bes.
1949	CARONIA	Cunard	Clydebank	34 183	22	58	351	–	932	600
1952	UNITED STATES	US Lines	Newport News	53 329	31	871	508	549	1928	1093
1959	ROTTERDAM	Holland Amerika	Rotterdam	38 645	20,5	655	–	801	1456	776
1960	LEONARDO DA VINCI	Italia	Sestri Ponente	33 340	23	413	342	571	1326	560
1962	FRANCE	C. G. Transat.	St. Nazaire	66 348	31	407	–	1637	2044	1144
1965	MICHELANGELO	Italia	Sestri Ponente	45 911	26,5	535	550	690	1775	720
1965	RAFFAELLO	Italia	Triest	45 933	26,5	535	550	690	1775	720
1968	QUEEN ELIZABETH 2	Cunard	Clydebank	65 863	28,5	564	–	1441	2005	906
Afrika										
1960	WINDSOR CASTLE	Union-Castle	Birkenhead	37 640	22,5	191	–	591	782	475
1962	TRANSVAAL CASTLE	Union Castle	Clydebank	32 679	22,5	728	–	–	728	426
Australien										
1960	ORIANA	P&O Line	Barrow	41 915	27,5	638	–	1496	2134	903
1961	CANBERRA	Orient Line	Belfast	45 720	27	548	–	1650	2198	900
Südamerika										
1966	EUGENIO C.	Costa	Monfalcone	30 567	27	178	356	1102	1636	424
Für den Nordatlantik geplant, jedoch nur Kreuzfahrten										
1965	OCEANIC	Home Lines	Monfalcone	39 241*	26,5	230*	–	1370*	1600	560
			* geplante Daten	27 644		1562	–	–	1562	560

Diese letzten großen Liner des 20. Jahrhunderts repräsentieren die höchste Vollendung im Bau von Linienpassagierschiffen. Von der CARONIA, UNITED STATES und ROTTERDAM abgesehen, waren alle aufgeführten Schiffe in den 1960er Jahren gebaut worden. Ihr unterschiedliches Äußere dokumentiert das Streben der Schiffbauer nach neuen Formen und Lösungen. Folgende wichtigen Eigenschaften waren jedoch allen gemeinsam:

- Sie waren Turbinenschiffe mit ruhigem Lauf,
- sie waren voll klimatisiert (außer CARONIA),
- sie besaßen Stabilisatoren zur Schlingerdämpfung,
- alle Kabinen der Ersten und der Kabinenklasse hatten Dusche bzw. Bad und WC.

Was in einem Reedereiprospekt über eins dieser

Erste Ankunft der 1953 gebauten, 21 141 BRT großen KUNGSHOLM der Svenska Amerika Linien in New York.

Schiffe, die LEONARDO DA VINCI, gesagt wird, trifft auch für die anderen zu: *Kennzeichnend ist ... ein auf alle Klassen ausgedehnter hochgradiger Komfort. Die krassen Unterschiede vergangener Zeiten sind längst vergessen. Man hat einen Ausgleich, und zwar einen Ausgleich nach oben erreicht. Die erste Klasse wirkt zwar eleganter und komfortabler, ... aber auch die Kabinen- und Touristenklasse geniessen alle wesentlichen Vorzüge des modernen Komforts. Die Unterschiede liegen nur bei den Feinheiten, die sich in besonderer Raffinesse äußern und für die Räume der ersten Klasse ... bezeichnend sind.*

Interessant und aufschlußreich ist der Blick auf die Einzelheiten der Tabelle, besonders im Vergleich mit den auf den Seiten 124-125 vorgestellten Spitzenschiffen der 1930er Jahre.

Auffallend die hohen Geschwindigkeiten in jenen Jahren vor der »Ölkrise« von 1973. Interessant auch das Festhalten der Italiener am Dreiklassensystem der Vorkriegszeit, besonders wenn man dieses Beharren den vielen innovativen Impulsen gegenüberstellt, die in diesen Jahren von italienischen Werften ausgingen. Interessant ist sicher auch, wo diese dreizehn Spitzenschiffe erbaut wurden, nämlich je ein Schiff in den Niederlanden, Frankreich und den USA, fünf Schiffe in Italien und sechs in Großbritannien.

Zu unserem Thema Luxus noch ein paar Anmerkungen: Die CARONIA als einziges nicht mit klimatisierten

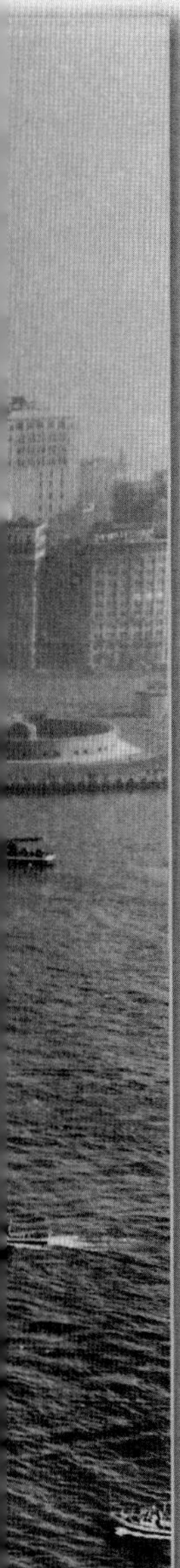

Kabinen ausgestattetes Schiff setzte hier moderne Ventilation ein, zu deren Unterstützung man – wie damals üblich – so verfuhr: Der Hohlraum zwischen Bordwand und Kabinen war mit Asbest isoliert, das im Sommer für kühle und im Winter für warme Räume sorgte. In der Touristenklasse waren privates WC und Dusche noch nicht überall Standard. Als einziges der aufgeführten Schiffe besaß die QUEEN ELIZABETH in sämtlichen Touristenklasse-Kabinen Bad/Dusche und WC. Bei LEONARDO DA VINCI, ROTTERDAM, FRANCE und OCEANIC waren lediglich ganz wenige Kabinen ohne Dusche/WC. In CANBERRA und ORIANA hatten die unteren vier der fünf Kabinendecks der Touristenklasse weder Dusche noch WC. Auf der UNITED STATES, WINDSOR CASTLE und EUGENIO C. hatte man es in der Touristenklasse noch ganz bei fließendem kalten und warmen Wasser belassen. Dieser Überblick macht deutlich, daß in der Touristenklasse oft die Standards der ehemaligen II. und III. Klasse unter neuem Namen vereint waren.

Der Hafen von Kapstadt Anfang der 1960er Jahre mit den beiden größten Schiffen der Union-Castle Line, der 28 582 BRT großten PENDENNIS CASTLE von 1958, oben Mitte, und der TRANSVAAL CASTLE, 32 697 BRT von 1962. Rechts neben der PENDENNIS CASTLE liegt die 10 544 BRT große ORANJEFONTEIN der Vereenigde Nederlandsche Stoomboot My., 1945 in Dienst gestellt. (Union-Castle Line)

Die OCEANIC stellt einen Sonderfall dar, nicht nur wegen ihrer Vermessung. Die angegebene Tonnage von 39 241 BRT entsprach europäischen Vorschriften. Weil das Schiff aber unter Panamaflagge fuhr, galt sie als nur 27 644 BRT groß und sparte entsprechend bei den Hafengebühren; in den Prospekten für das Publikum hielt die Reederei allerdings die größere Tonnage für werbewirksamer. Ursprünglich als Liner für den Dienst Cuxhaven – Le Havre – Southampton – Quebec – Montreal konstruiert, mit einer Belegung von 230 Passagieren I. Klasse und 1 370 Touristenklasse, entschied sich die Reederei ein halbes Jahr vor dem Stapellauf dafür, die OCEANIC ausschließlich für Kreuzfahrten einzusetzen. Da zu diesem späten Zeitpunkt Grundriß und Layout der unteren Decks kaum mehr verändert werden konnten, ließ man es bei der ursprünglichen Kabinenanordnung. Tatsächlich blieb die Passagierzahl praktisch gleich, bei der heute üblichen Belegung mit zwei Personen pro Kabine ergäben sich bei 569 Kabinen 1138 Fahrgäste. Die großzügigen und ideenreich konzipierten Gesellschaftsräume machten die OCEANIC zum damals luxuriösesten Cruise Liner. Besonders bemerkenswert war der sogenannte Magrodome mit verschiebbarem Dach über der Badelandschaft des OCEANIC-Pools. Mit diesen Einrichtungen und dem eleganten Äußeren symbolisierte die OCEANIC den Übergang von den Liniendiensten zur Kreuzfahrt.

Dieser Übergang bedeutete allerdings viel mehr als nur die Umwidmung des Gebrauchsgegenstandes Schiff auf einen anderen Verwendungszweck. Die Entwicklung in den 1960er Jahren geriet zum Schwanengesang eines der großartigsten Kapitel der Kulturgeschichte – die Ära der Übersee-Linienpassagierschiffahrt.

CARONIA –

Blick in die Cocktailbar der Ersten Klasse.

Das Wohnzimmer, oben, und das komfortable Schlafgemach einer Luxussuite lassen keinen Wunsch offen.

Die 34 183 BRT große CARONIA stand 1949 am Beginn einer neuen Ära des Luxus zur See, schon ihr in verschiedenen Grüntönen abgestufter Anstrich symbolisierte die Hoffnung auf die Zukunft in einer besseren Welt. (Alle Abbildungen aus zeitgen. Werbedrucksachen)

Das monumentale Balmoral-Restaurant der CARONIA.

AFRICA, Lloyd Triestino, 11 427 BRT, Baujahr 1952, Genua–Kapstadt.

NEWFOUND-LAND, Furness-Warren, 7 437 BRT, Baujahr 1948. Liverpool–Boston.

BREMEN, Nordd. Lloyd, 32 336 BRT, Baujahr 1939 (59), Bremerhaven–New York.

SANTA ROSA, Grace Line, 15 371 BRT, Baujahr 1958, New York–Mittelamerika.

VERA CRUZ, Cia. Colonial, 21 765 BRT, Baujahr 1952, Lissabon–Santos.

Passagierschiffe der 1950er Jahre auf zeitgenössischen Postkarten

UNITED STATES, United States Lines, 53 329 BRT, Baujahr 1952, New York–Bremerhaven.

CABO SAN ROQUE, Ybarra y Cia., 14 491 BRT, Baujahr 1957, Genua–Buenos Aires.

Für jede Klasse ein eigenes Schwimmbad, nicht nur diese Neuerung überzeugte die Fahrgäste auf der ANDREA DORIA. (Aus zeitgen. Prospekt)

Italienisches

Die Nordatlantikliner RAFFAELLO, links, und MICHELANGELO, je 45 900 BRT groß, 1965 in ihrem Heimathafen Genua. (Italia)

1964 kam die GALILEO GALILEI des Lloyd Triestino auf der Route Genua–Australien in Fahrt, auf dem Foto steuert das Schiff seinen Liegeplatz in Sydney an. (Lloyd Triestino)

Schiffsdesign

Die 1952 für den Nordatlantikdienst der Italia-Reederei abgelieferte ANDREA DORIA, mit 29 083 BRT vermessen, gilt als das herausragendste Beispiel für die harmonisch-ästhetische Linienführung im italienischen Passagierschiffbau der 1930er–50er Jahre. (Foto: Arnold Kludas)

Für die sonnige Langstrecke Southampton – Durban stellte die Union-Castle Line 1960 das mit 37 640 BRT größte und gleichzeitig luxuriöseste Passagierschiff ihrer Geschichte in Dienst, die WINDSOR CASTLE. Das von der Reederei zur Indienststellung herausgegebene Faltblatt vermittelt einen guten Eindruck von den großzügigen Einrichtungen des Schiffes.

R.M.S. WINDSOR CASTLE

1. First Class Sun Deck.
2. First Class Children's Play Room.
3. Tourist Sun Deck.
4. First Class Lounge.
5. First Class Smoke Room.
6. Gymnasium.
7. First Class Bar.
8. First Class Verandah Café.
9. First Class Swimming Pool.
10. Garage.
11. Tourist Lounge.
12. Pantry and Kiosk.
13. Tourist Library.
14. Tourist Smoke Room.
15. Tourist Class Bar.
16. Tourist Recreation Space.
17. Tourist Verandah Café.
18. Tourist Swimming Pool.
19. Tourist Children's Play Room.
20. First Class Dining Saloon.
21. First Class Cabins.
22. Cinema.
23. Tourist Dining Saloon.
24. Tourist Cabins.

Schiffe und Häfen in den 1950er

Am Passagierkai vor der Altstadt von Rio de Janeiro hat die 1929 gebaute, 21 164 BRT große ARGENTINA der New Yorker Moore-McCormack Lines festgemacht. *(Moore-McCormack Lines)*

An der Stazione Marittima in Neapel wird die 23 562 BRT große CONTE BIANCAMANO der Italia-Reederei für die nächste Reise ausgerüstet. *(Italia)*

Jahren

Die 1956 in Dienst gestellte EMPRESS OF BRITAIN der Canadian Pacific Railway, 25 516 BRT groß, passiert beim Auslaufen nach Liverpool den Quai Jacques Cartier in Montreal. (Canadian Pacific Railway)

Ebenfalls noch aus der Vorkriegszeit stammt die DUNNOTTAR CASTLE der Union-Castle Line, 15 054 BRT, 1936 erbaut, hier im ostafrikanischen Hafen Daressalam. (Union-Castle Line)

Ein Seetag auf der FRANCE

Erinnerungen einer Dame,
die regelmäßig auf der FRANCE reiste.

Der typische Seetag an Bord der FRANCE begann für uns mit einem leisen Klopfen an der Kabinentür, kurz vor dem Frühstück. Lucien, der für die Hunde der Passagiere zuständige freundliche Bretone, holte unseren César für's Gassi gehen ab. Zwar gab es auf dem oberen Deck einen herrlichen Hundestall, mit einem amerikanischen Feuerwehrhydranten und einem französischen Laternenpfahl. Doch Passagieren, die ihren Hund lieber bei sich in der Kabine haben wollten, wurde das gern ermöglicht. Es gab sogar eine Menükarte für die vierbeinigen Lieblinge, die ausgewählte Delikatessen verschiedener Fleischsorten verzeichnete und unter »Le regime vegetarien des dogs« sogar Gemüsepasteten und – für einfachere Ansprüche – auch Biskuits anbot. Welch ein Service!

Wir frühstückten meistens in der Kabine, oft sogar im Bett. Danach spazierten wir frisch und munter über die Decks und blieben gern an der Reling stehen, um den im fahlen Dunst schäumend vorbeiziehenden türkisfarbenen Wellen zuzusehen. Ein kurzes Ping Pong-Turnier oder bei schlechterem Wetter ein Kartenspiel machten stets Spaß.

Am späteren Vormittag machten wir es uns zum Lesen im Liegestuhl bequem – von den Deckstewards vorsorglich in warme Decken gehüllt, und wenig später von der heißen Vormittagsbouillon erfrischt. Vor dem Lunch wirkte ein im Café Atlantique nach bewährten Rezepten gemixter Cocktail wahre Wunder für den Appetit, den allerdings schon die Seeluft angeregt hatte.
Nach dem großartig-ausgiebigen Lunch war meist ein weiterer Deckspaziergang angesagt, ehe wir uns im

1962 machte der 66 348 BRT große französische Superliner FRANCE seine erste Reise.

Wie dieses Bild zeigt, reagieren Hunde durchaus unterschiedlich auf das Erlebnis Seereise. (Foto Hanns Tschira. Deutsches Schiffahrtsmuseum)

Theater einen Film, täglich wechselnd in englischer oder französischer Sprache, ansahen. Wenn ein Filmstar mitreiste, was oft geschah, sorgte die Reederei dafür, daß einer ihrer oder seiner Filme gezeigt wurde.

Jeden Tag nahmen wir uns die Zeit für das Schwimmen im Salzwasserpool. Der lag tief unten im Schiff, und seine Decke bestand aus lauter Spiegeln. Die vielen Abwechslungen tagsüber waren fast schwindelerregend, was durch die Zeitverschiebung gesteigert wurde – in regelmäßigen Abständen sprangen die Schiffsuhren eine ganze Viertelstunde weiter, was auf der Fahrt nach Europa den Tag auf 23 Stunden reduzierte, während man in westlicher Fahrtrichtung von einem 25 Stunden-Tag profitierte.

»Next came the important business of dressing for dinner« – nur am ersten und am letzten Abend war legere Tageskleidung erlaubt. An den übrigen war festliche Abendkleidung ungeschriebenes Gesetz. Besonders die Damen überboten sich in Accessoires wie Schmuck, Pelzumhängen oder langen weißen Handschuhen.

Zitiert in Millergram No. 67, 2004.

Interieurs der Nachkriegszeit

Lounge der 1950 in Dienst gestellten, 18 400 BRT großen BLOEMFONTEIN CASTLE.
(Union-Castle Line)

Einzelkabine auf der 1965 in Dienst gestellten SAGAFJORD der Norske Amerikalinjen, 24 002 BRT.

Zweibettkabine der WINDSOR CASTLE von 1960; man beachte links den elektrischen Kamin. (Union-Castle Line)

Einfachere Zweibett-Außenkabine der BLOEMFONTEIN CASTLE, die nur eine als Kabinenklasse bezeichnete Passagierklasse führte; rechts oben ein im Bedarfsfall herunterklappbares drittes Bett. (Union-Castle Line)

Luxus in der Senator-Klasse der Lufthansa 1960.

Der erste Transatlantikjet der Lufthansa, die 1960 in Dienst gestellte Boeing 707-430 für 148 Passagiere. (Zeitgen. Prospekt)

Exkurs 3

Luftfahrt versus Schiffahrt?

Keine Erfindung hat den Weltverkehr und die Reisekultur jemals in so kurzer Zeit so sehr verändert wie das motorgetriebene Luftfahrzeug.

Diese Schöpfung des 20. Jahrhunderts sahen die Zeitgenossen jahrzehntelang als großen Widersacher der Schiffahrt an. Soviel Wahrheit auch in dieser Annahme liegen mag, den Kern der Sache traf sie nicht, wie sich herausstellen sollte. Es dürfte deshalb interessant sein, schlaglichtartig an die auf das Thema dieses Buches bezogenen Aspekte der Luftfahrtgeschichte zu erinnern, zumal ja der erste interkontinentale Flug mit Passagieren auf einem Schiff stattfand, nämlich dem Luftschiff.

Es gibt bekanntlich zwei grundsätzlich verschiedene Arten von Luftfahrzeugen:

1. Das Luftschiff; es ist durch seine gasgefüllten Zellen leichter als Luft und benötigt seine Motoren nur für den Vortrieb.
2. Das (Motor-)Flugzeug; es ist schwerer als Luft und muß durch den Vortrieb seiner Motoren erst eine Luftströmung schaffen, auf der es sich in die Luft erheben und fliegen kann.

Luftschiffe gab es schon im 19. Jahrhundert, aber erst Graf Zeppelins Prinzip des stoffbespannten Aluminiumgerüsts ermöglichte die Entwicklung hin zu jenen riesigen »fliegenden Zigarren« von 245 m Länge und 41 m Durchmesser, bei deren durch sanftes Motorenbrummen angekündigtem Erscheinen die Menschen in allen Ländern stehend und staunend den Kopf in die Höhe reckten. Nicht nur die Abmessungen, auch die Terminologie assoziierte Maritimes: das von einem Kapitän mit Hilfe nautischer Geräte in den Zielhafen navigierte Luftschiff! Wie die Fachwelt nach wenigen Jahren paralleler Entwicklung die Zukunftsaussichten von Flugzeug und Luftschiff beurteilte, konnte man 1908 in Meyers Großem Konversationslexikon nachlesen: *Praktische Erfolge hat bisher nur die aerostatische Luftschiffahrt zu verzeichnen. Sie allein gestattet heute eine Verwertung für verschiedene Zwecke und zeigt im Luftschiffermaterial wie in der Fahrkunst bereits eine bedeutende technische Vollendung.* Diesem Luftschiff traute man noch in den 1930er Jahren eine Hauptrolle im überseeischen Personenverkehr zu.

Tatsächlich hatte die Luftschiffbau Zeppelin Gesellschaft schon im November 1909 unter Beteiligung der Hamburg-Amerika Linie (Hapag) die Deutsche Luftschifffahrts-AG gegründet, kurz Delag genannt, und, nebenbei bemerkt, die erste Luftverkehrsgesellschaft der Welt! Mit dem 148 m langen und 60 km/h schnellen Zeppelin-Luftschiff DEUTSCHLAND begann im Juni 1910 der Flugbetrieb auf innerdeutschen Strecken, der 1914 wegen des Krieges eingestellt werden mußte. In insgesamt 3 140 Stunden waren die Delag-Luftschiffe 173 000 Kilometer gefahren, 33 722 Menschen waren mitgeflogen, und trotz des Verlustes von vier Schiffen war niemand zu Schaden gekommen.

1919 gelangen dem britischen Marineluftschiff R 34 mit einem Flug von Schottland nach Mineloa bei New York und zurück die ersten Atlantiküberquerungen eines Luftfahr-

Anzeige für die ersten Passagierfahrten mit Zeppelinen der 1909 gegründeten ältesten Luftverkehrsgesellschaft der Welt. (Zeitgen. Prospekt)

zeugs, ohne Passagiere und ohne Zwischenlandung.

Erst 1928 konnte die Delag ein neues Luftschiff in Dienst stellen, die legendäre, 237 m lange und 115 km/h schnelle GRAF ZEPPELIN. Im Oktober 1928 machte sie ihre Jungfernfahrt mit Passagieren von Friedrichshafen nach Lakehurst bei New York. 1929 absolvierte das Luftschiff eine fünfmonatige Weltrundfahrt und begann 1931 den regelmäßigen transatlantischen Flugverkehr Friedrichshafen – Rio de Janeiro – Lakehurst – Friedrichshafen, der bis 1937 weitergeführt wurde, seit 1930 in Zusammenarbeit mit der Luft Hansa, der die Delag 1935 als Deutsche Zeppelin-Reederei angegliedert wurde. Das letzte Kapitel der Passagierluftschiffahrt begann 1936 mit der 245 m langen HINDENBURG. Ihr schrecklicher und bis heute ungeklärter Flammentod unmittelbar vor der Landung in Lakehurst am 6. Mai 1937 kostet 35 der 96 Menschen an Bord das Leben und beendete die Ära der Großluftschiffe. – Die bis zu 200 000 Kubikmeter hochexplosiven Gases hatten sich als ständige Gefahr für das Luftschiff erwiesen, und das nicht brennbare Helium gab es nur in den USA, die es aber den Deutschen nicht verkauften. Das Gas stellte jedoch nicht das einzige Problem dar: Das leichte Gewicht des riesigen, fragilen Flugkörpers machte das Luftschiff – nicht nur bei Start und Landung – extrem windempfindlich, und es war daher eigentlich nur ein Schönwetterfahrzeug.

Andererseits: In das skurrile, von 25 PS angetriebene Fluggestell, das den Amerikaner Orville Wright im Dezember 1903 zu einem Zwölf-Sekunden-Hopser in die Luft hob, hätte sich nicht einmal bei herrlichstem Sommerwetter auch nur ein einziger Fluggast gesetzt. Dennoch gehörte dem Flugzeug die Zukunft. Das wurde schon 1910 zum ersten Mal deutlich, als man von einem Gleitdeck am Heck des Hapag-Dampfers PENNSYLVANIA 50 sm vor New York ein Postflugzeug starten wollte, was allerdings wegen ungünstigen Wetters nicht durchgeführt wurde. Im Mai 1927 startete Charles Lindbergh mit seiner einmotorigen SPIRIT OF ST. LOUIS mutterseelenallein in New York und landet nach 35 (!) Stunden in Paris. In der wegen des ständigen Westwinds schwierigeren Gegenrichtung überquerte im April 1928 eine dreiköpfige deutsch-irische Besatzung in einer einmotorigen Junkers W 33 L den Atlantik nonstop in 36 Stunden zwischen Irland und Neufundland. Während Charles Lindbergh in eigener Initiative geflogen war, standen hinter Köhl, Fitzmaurice und von Hünefeld die deutschen Großreedereien Hapag und Lloyd.

1926 konstruierte der deutsche Flugzeugbauer Claudius Dornier in Friedrichshafen ein riesiges Flugboot für den transatlantischen Passagierdienst, das im Juli 1929 seinen Erstflug machte, die zwölfmotorige Do X, mit 48 m Spannweite und 40 m Länge das größte Flugzeug seiner Zeit, das auf Langstrecken 66 Passagiere befördern konnte. Bei 56 Tonnen Fluggewicht schaffte die Do X eine Reisegeschwindigkeit von 190 Kilometern pro Stunde. Auf einer großen Werbe- und Demonstrationsreise von Friedrichshafen nach Süd- und Nordamerika von November 1930 bis August 1932 überquerte die Do X zweimal den Atlantik, bewies damit aber nur, daß die Zeit der Passagierflüge nach Übersee noch in der Zukunft lag.

Im August 1927 nahmen die Amerikaner den deutschen Versuch von 1910 wieder auf und starteten mit einem Fokker-Doppeldecker von einer schräg über der Kommandobrücke des Schnelldampfers LEVIATHAN, ehemals VATERLAND, montierten 30 Meter langen provisorischen Startbahn zu einem erfolgreichen

Postflug nach dem 150 Kilometer entfernten New York.

Ein Jahr später gingen die Franzosen mit einer besseren Technik an den Start. Mit Hilfe eines auf dem Heck des Ozeandampfers ILE DE FRANCE montierten Katapults schleuderten sie ca. 750 Kilometer vor der US-Küste erfolgreich ein Postflugboot des Typs Lioré-et-Olivier H-198 in die Luft. Dieser Postdienst bestand bis 1934. 1929, ein Jahr nach den Franzosen, taten die Deutschen das gleiche. Auf den Dampfern BREMEN und EUROPA waren Katapulte montiert, die im Gegensatz zu dem französischen Modell drehbar waren und so die Flugzeuge starten konnten, ohne daß erst das Schiff in die Windrichtung gedreht werden mußte. Hier wurden Heinkel-Schwimmerflugzeuge vom Typ He 12 und ab 1932 Ju 46 eingesetzt, die schließlich sogar schon 1 335 Kilometer vor New York bzw. 2 100 vor Bremerhaven starteten; die Empfänger erhielten ihre Post also bis zu 40 Stunden früher! 1935 demontierte man diese Katapultanlagen, denn die Deutsche Lufthansa – wie sie sich seit 1933 schrieb – hatte inzwischen etwas völlig Neues entwickelt.

Schon im Juni 1933 richtete die Lufthansa eine durchgehende Luftpostlinie von Berlin über verschiedene Stationen bis Buenos Aires ein, jeweils mit Anschlußflügen in Europa, Afrika und Südamerika. Um den Südatlantik überqueren zu können, hatte man sich Landerechte in Bathurst, Britisch-Gambia in Westafrika, und dem brasilianischen Natal gesichert, den beiden Endpunkten der kürzesten Strecke über den Südatlantik. In der Mitte dieser Linie stationierte man das Flugzeugmutterschiff WESTFALEN, auf dem die eingesetzten Flugboote vom Typ Dornier Wal nachtankten. Das geschah so, daß sie neben der WESTFALEN wasserten, per Kran an Bord gehoben und auf eine Laufschiene gesetzt wurden, auf der sie nach dem Tanken auf das Katapult gelangten, das sie schließlich mit 150 km/h für den zweiten Abschnitt ihres Fluges in die Luft schleuderte. 1934 stellte die Lufthansa mit der SCHWABENLAND einen weiteren schwimmenden Flugstützpunkt in Dienst. Auf dem Nordatlantik nahm man 1936 als Ersatz für die Katapultflüge von BREMEN und EUROPA eine ähnliche Postverbindung in Betrieb. Zwei Flugboote vom zweimotorigen Typ Do 18 flogen ab September auf der Strecke Lissabon – Azoren – New York, wobei sie zwischen den Azoren und New York auf der jetzt dort stationierten SCHWABENLAND betankt werden konnten. 1937 ging der Nordatlantik-Postdienst der Lufthansa in seine letzte Entwicklungsstufe. Gleichzeitig mit dem neuen Katapultschiff FRIESENLAND kamen zwei leistungsfähige neue Schwimmerflugzeuge in Dienst, die viermotorigen NORDWIND und NORDMEER vom Typ Ha 139 aus der Produktion der Hamburger Werft Blohm & Voss, die sich seit 1932 auch im Flugzeugbau betätigte. Ein Jahr später kam mit der Do 26 SEEADLER ein viermotoriges Flugboot dazu, das mit seinen 9 000 Kilometern Reichweite die Strecke Lissabon – New York selbst bei Gegenwind nonstop fliegen konnte.

Das französische Luftfahrtministerium hatte den Aufbau der deutschen Südatlantik-Postlinie mit größtem Interesse verfolgt und schon 1934 ein Post- und Passagierflugboot für diese Strecke ausgeschrieben. Der 1936 zu Testflügen in Dienst gestellte Prototyp der hochmodernen viermotorigen Lioré-et-Olivier H-47 hatte eine Reichweite von 4 500 Kilometern und konnte damit den Südatlantik auf der bekannten kürzesten Route ohne Zwischenstopp überqueren; sogar die Mitnahme von vier Passagieren war vorgesehen. Nach erfolgreichen Tests bestellte die Air France fünf Exemplare dieses Musters, deren erste 1939 geliefert wurden und wegen des Krieges den Südamerikadienst nicht mehr aufnahmen. Der Prototyp war schon 1937 wegen Materialermüdung bei einem Start zerstört worden, so daß der Einsatz der H-47 über die Vorbereitungsphase nicht hinauskam. Erfolgreicher war das ab Juni 1937 im Postdienst auf dieser Route eingesetzte viermotorige Landflugzeug Farman NC 223.1, dem in den nächsten Jahren drei Exemplare der Weiterentwicklung NC 223.4 an die Seite traten.

1935 eröffneten dann die Amerikaner die weltweit erste mit Passagierflugzeugen betriebene überseeische Flugverbindung. Die Pan American Airways (PAA) flog hier mit viermotorigen Martin-Flugbooten Model 130 für maximal 48 Passagiere von San Franzisko über mehrere als »Tankstellen« genutzte Koralleninseln nach Manila. Die Schiffsreise zwischen diesen Punkten nahm damals 27 Tage in Anspruch, die Clipper schafften es in acht Tagen.

Auf der wirtschaftlich bedeutendsten und damit interessantesten Nordatlantiklinie blieb es vorläufig bei den Postflügen, die wie erwähnt seit 1936 die Deutsche Lufthansa und ab 1937 auch die PAA durchführten. Daneben führten seit 1937 die britische Imperial Airways mit Short-Flugbooten und die als Tochtergesellschaft der französischen Reederei Cie. Générale Transatlantique gegründete Air France Transatlantique mit dem Flugboot Latécoère 521 und dem Landflugzeug Farman NC 223.4 Probeflüge für den Nordatlantikdienst durch. Das sensationellste Ergebnis all dieser Probeflüge erzielte das viermotorige deutsche Landflugzeug Focke-Wulf FW 200, das im August 1938 mit einer Durchschnittsgeschwindigkeit von 255 km/h in 25 Stunden nonstop von Berlin nach New York flog; auf dem Rückflug wurden in 200 Stunden sogar 312 km/h erreicht. 1939 flogen dann zum ersten Mal seit dem Unglücksflug des Luftschiffs HINDENBURG wieder Fahrgäste über den Nordatlantik. Die PAA eröffnete im Juni mit Flugbooten vom Typ Boeing 314 für bis zu 44 Fahrgäste eine Passagierlinie New York – Bermudas – Azoren – Lissabon.

Die 1922 zuerst gebaute Dornier Do J Wal galt bis in die 1930er Jahre als modernstes Flugboot der Welt und wurde auch imTransatlantikflugdienst eingesetzt.

Wenn wir hier eine Bilanz der Entwicklung der überseeischen Verkehrsfliegerei bis zur Unterbrechung durch den Zweiten Weltkrieg ziehen wollen, dann fallen uns zwei miteinander zusammenhängende Phänomene auf.

Erstens die Bevorzugung des Wasserflugzeugs, die der Laie gern deshalb für plausibel hält, weil dieses im Notfall auf dem Ozean notlanden kann, was natürlich nur sehr bedingt richtig ist. Da jahrelange Praxis bewiesen hatte, daß Landflugzeuge den Ozean genauso sicher überqueren wie Wasserflugzeuge, konnten Sicherheitsgründe den wesentlich größeren Luftwiderstand der Wasserflugzeuge nicht rechtfertigen. Tatsächlich waren es andere Gründe, die für das Wasserflugzeug sprachen. Ein interkontinentales Flugzeug ist schwerer als ein Überlandflugzeug, allein deshalb, weil es Treibstoff für die langen Ozeanstrecken bunkern mußte, während der Treibstoff des Landflugzeugs nur bis zum nächsten der vielen Flughäfen reichen mußte. Nun könnte man natürlich auch ein Landflugzeug so groß bauen, daß es den nötigen Treibstoff aufnehmen kann. Dem stand aber der Zustand der Startbahnen damaliger Flughäfen entgegen, die fast durchweg von Schafen kurzgefressene und festgetrampelte Grasnarben waren, außerdem viel zu kurz, um so schweren Flugzeugen den nötigen Anlauf zu bieten. Ein Wasserflughafen kostete sehr viel weniger als Betonbahnen, die zudem noch in verschiedene Windrichtungen anzulegen waren. Schon das allein erklärt die damalige Zweckmäßigkeit des Flugboots.

Das zweite Phänomen war der relativ große Komfort, der den Flugreisenden damals auf Überseestrecken geboten wurde und den diese für eine mehrtägige Überfahrt auch durchaus erwarteten! Sowohl in den Zeppelinen als auch in den großen Flugbooten versuchte man erfolgreich, dem Niveau von Luxuszügen der Eisenbahnen zu entsprechen, ja, ihn auf mittlere Sicht sogar beträchtlich zu steigern. Mitten im Zweiten Weltkrieg, im Juli 1941, faßte der Chefkonstrukteur des Flugzeugbaus von Blohm & Voss, Dr. Richard Vogt, seine Gedanken über ein künftiges Transatlantikflugboot folgendermaßen zusammen:

Der Nordatlantik ... weist mit großem Vorsprung die größte Verkehrsdichte auf. Nur der Ausbruch des Krieges hat den Einsatz des 16 Fluggäste befördernden Flugbootes, der BV 222, verhindert. Nun, die Zahl der mit diesem Baumuster zu erfassenden Fahrgäste ist verschwindend gering im Vergleich zu den auf den großen Atlantikdampfern beförderten Reisegästen. Rechnet man damit, daß in Zukunft ein beachtlicher Teil von ihnen dem Flugzeug den Vorzug geben wird, so werden 30- und 40sitzige Flugzeuge bald nicht mehr ausreichen. Aus Gründen verständlicher Betriebsvereinfachung wird man auf große Einheiten gehen, denn außerdem wächst mit der Vergrößerung der Einheiten der Komfort ...

Bei solcher Blickrichtung kann die Wahl zwischen Landflugzeugen und Flugbooten nur zugunsten der letzteren ausfallen ... Geleitet von diesen Gesichtpunkten ist das Projekt P 200 entstanden. Es stellt eine Synthese der heute gegebenen Möglichkeiten dar, ohne daß ein besonderes Risiko eingegangen wird ... Mit acht Triebwerken von je 4 000 PS ergibt sich eine Gesamtleistung von 32 000 PS. Da es erfahrungsgemäß keine Schwierigkeiten macht, 6,5 bis 7 kg pro PS aus dem Wasser zu heben, gelangt man zu einem Abfluggewicht von 210 bis 225 Tonnen ...

Ebenso wichtig wie die Wahl des Gesamtgewichtes war es, zu untersuchen, ob bei dieser Größenordnung sich raummäßig Bootsabmessungen ergeben würden, die sich ökonomisch eingliedern lassen in die naturgegebenen menschlichen Maßbeziehungen.

Eine Vergrößerung hat, von diesem Gesichtspunkt aus betrachtet, offenbar erst dann einen vernünftigen Sinn, wenn die für quergestellte Bettreihen sich ergebende Breite von 5,4 m ausnutzbar wird ... Wie die Bootsbreite ist auch die Höhe ein entscheidendes Maß ... Bei dem vorliegenden Projekt erwies sich die aus der spritzwassersicheren Lage des Flügels bedingte Höhe als ausreichend für die Anordnung von drei vollständigen Stockwerken ...

Raumaufteilung. Besonders hervorzuheben wäre der 60 m² große, zentral im B-Deck gelegene Speisesaal mit Sitzgelegenheiten für 65 Personen und der attraktive, 50 m² große Aufenthaltsraum vorn oben im A-Deck mit einer großartigen Rundsicht, mit Tanzfläche und Bar.[38]

Die klaren Gedankengänge Dr. Vogts, der mit der Blohm & Voss BV 238 von 94 t Fluggewicht bereits das damals größte Flugzeug der Welt konstruiert hatte, waren technisch keineswegs utopisch. Das britische Flugboot Saro 45 Princess wies bei seinem Erstflug 1952 folgende Daten auf, in Klammern die geplanten Daten der P 200: Spannweite 66,90 (85) m, Gewicht 156,5 (210) t, Geschwindigkeit 579 (390) km/h bei jeweils 32 000 PS. Die für den Transatlantikdienst der British Overseas Airways Corporation (BOAC) vorgesehene Princess wurde dort allerdings nie eingesetzt.

Auf den interkontinentalen Fluglinien hatte sich nach dem Krieg die Devise Geschwindigkeit vor Komfort durchgesetzt; auf den Überseelinien dominierten bald Flugzeuge wie die Douglas DC 6 oder die Lockheed Superconstellation. – Doch auch deren Tage waren schon Anfang der 1950er Jahre gezählt. Das Düsenflugzeug, dessen erster Vertreter, die Heinkel He 178, schon im August 1939 gestartet war, hatte im Zweiten Weltkrieg einen riesigen Entwicklungssprung gemacht. Im Mai 1952 eröffnete die BOAC mit der de Haviland D.H. 106 Comet auf der Route England – Südafrika den ersten Langstrecken-Passagierflugdienst mit Düsenmaschinen. Am 4. Oktober 1958 setzte die BOAC dann auf zwei gleichzeitigen fahrplanmäßigen Flügen in beide Richtungen zwischen London und New York die modifizierten Comet ein und markierte damit den Eintritt der Übersee-Flugdienste in das Jet-Zeitalter! Ein Jahr später richtete auch die Pan American mit der Boeing 707-320 einen regelmäßigen Dienst New York – London ein. Unaufhaltsam setzte nun die schon erwähnte Entwicklung ein, die innerhalb von zehn Jahren den Übersee-Liniendiensten der großen Passagierschiffe den Garaus machte. Aber selbst dieser totale Sieg bedeutete keineswegs das Ende der internationalen Passagierschiffahrt, obwohl dies damals von vielen Fachleuten prophezeit worden war – trotz des sich bereits abzeichnenden Höhenflugs der Kreuzfahrt. Inzwischen hatte sich nämlich sowohl die kontinentale wie die interkontinentale Luftfahrt als ein unentbehrlicher Partner der international operierenden Kreuzfahrtreeder erwiesen; wir werden das im nächsten Kapitel sehen.

Angesichts dieser nicht wegzudenkenden Mittlerrolle der internationalen Luftfahrt wird der auf einem Zwölfstundenflug mit 80 Zentimeter Sitzabstand eingeklemmte, gegen die Thrombose ankämpfende Economy-Fluggast beim Verzehren seines in Plastikgeschirr servierten Einheitsessens bei etwa aufkommenden bösen Gedanken den Vorsatz fassen, im nächsten Leben einen die Benutzung der VIP-Klasse gewährleistenden Beruf zu ergreifen. Aber vielleicht hat ja doch Dr. Vogt recht: *Ob die These »Geschwindigkeit macht den Komfort überflüssig« für alle Zeiten richtig sein wird, bleibt abzuwarten. Vielleicht fängt der Komfort erst wieder an bei einem 1000- oder 2000-Tonnen-Flugzeug, und das könnte dann vielleicht vorteilhafterweise doch besser ein »Fliegendes Boot« sein.*[39]

38 Zit. in Hermann Pohlmann: Chronik eines Flugzeugwerks 1932-1945. Stuttgart 1979. Seite149ff.

39 Hermann Pohlmann: Chronik eines Flugzeugwerks 1932-1945. Stuttgart 1979. Seite 152.

Ehemalige Liner blieben noch lange nach dem Ende der Übersee-Passagierschifffahrt tragende Säulen der Kreuzfahrt. Die 1953 für die Linie Göteborg – New York als Dual-Purpose-Liner in Dienst gestellte 21 141 BRT große KUNGSHOLM der Svenska Amerika Linien lief ab 1966 als EUROPA für Hapag-Lloyd und ab 1981 als COLUMBUS C. für Costa Crociere. (Zeitgen. Prospekt)

Der Griff nach den Sternen

Auf den Wassern ruht das Licht;
wo die hellen Segel stehen,
unverrückbar, fern sich lösend,
segelt Sehnsucht still ins Blaue.

Rudolf G. Binding

Das Reisen ist der höchste Ausdruck der modernen Lebenskunst.« Auf keine Art des Reisens kann dieser Ausspruch Friedrich Dernburgs mit mehr Berechtigung angewendet werden als auf die Vergnügungsfahrten zur See, die dem Reisenden die Wunder und Schönheiten fremder Länder erschliessen, ohne ihn dabei zu einem teilweisen Verzicht auf den Komfort und viele geistige und leibliche Genüsse, an die der Kulturmensch gewöhnt ist, zu zwingen. Diesen Seetouristenfahrten wohnt denn auch infolgedessen eine werbende Kraft inne, die ihnen eine ständig wachsende Schar schönheitsfreudiger und wissensdurstiger Menschen zuführt. Die Hamburg-Amerika Linie, die seit 14 Jahren Vergnügungsfahrten zur See veranstaltet, hat diesen Zweig ihrer Tätigkeit stets mit besonderer Sorgfalt gepflegt. Zu dem im Jahre 1900 erbauten Prachtschiff Prinzessin Victoria Luise hat sich im vergangenen Jahr ein neuer Vergnügungsdampfer Meteor gesellt, der den Vergnügungsreisen zur See auch hinsichtlich der Kosten eine erfolgreiche Konkurrenz mit Landreisen von gleicher Dauer ermöglicht.[40]

In der Tat, treffender als mit diesem Zitat aus einem hundert Jahre alten Kalender kann man den Reiz und die Besonderheit der Reiseform Kreuzfahrt auch heute nicht charakterisieren. Die urmenschlichen Triebe Neugier und Entdeckerfreude mit den ebenso menschlichen Urbedürfnissen Komfort und Geborgenheit kombinieren zu können, das genau macht Kreuzfahrten so einmalig attraktiv! Man geht an Bord des Schiffes und bezieht seine Kabine. Danach kann man sich für die Dauer der Reise ganz dem herrlichen Gefühl einer sorgenfreien Gelassenheit hingeben. Für Essen und Trinken – und zwar vom Feinsten – in stilvollen Restaurants ist gesorgt. Zwischen den Mahlzeiten kann man an Deck und in den verschiedenen Gesellschaftssalons seinen Neigungen und Vorlieben nachgehen, kann Sport treiben, spielen, faulenzen, lesen, sich sonnen, schwimmen, einkaufen oder eine der vielfältigen Bordveranstaltungen besuchen. Der Abend bietet gesellschaftliche Höhepunkte und künstlerische Darbietungen aller Art, ehe man beim Tanz oder in einer gemütlichen Bar den Tag ausklingen läßt. Am nächsten Morgen erreicht das Schiff den ersten Hafen, man geht an Land, läßt sich im komfortablen Reisebus die Sehenswürdigkeiten des fremden Landes zeigen oder erkundet den Ort nach eigenen Vorlieben. Voll neuer Eindrücke an Bord zurückgekehrt, genießt man erneut das nun schon vertraute Bordleben. Inzwischen hat man erste Bekanntschaften gemacht, mit denen man gemeinsame Erlebnisse teilen, interessante Gespräche führen, flirten oder scherzen kann. Bordatmosphäre entsteht –, von der aufmerksamen Besatzung ebenso routiniert wie unauffällig gefördert und begleitet. Zudem haben Kreuzfahrten den verführerischen Vorteil, daß man sie zu jeder Jahreszeit und in jedem Lebensalter genießen kann. Bei so vielen Reizen und Vorzügen könnte die Tatsache verwundern, daß sich die Kreuzfahrt erst im letzten Viertel des vergangenen Jahrhunderts zur heutigen weit verbreiteten und fast alle Gesellschaftsgruppen ansprechenden Form der Freizeit-, Vergnügungs- und Erholungsindustrie entwickelt hat. Für die Jahrzehnte vor 1939 haben wir diese Frage schon im Exkurs 1 mit einem kurzen Blick in die Sozialgeschichte beantwortet.

In den Jahren nach dem Zweiten Weltkrieg galten die alten Regeln, Konditionen und Möglichkeiten bis in die 1960er Jahre weiter.[41] Die Gründe für den einsetzenden langsamen Übergang von der Linienfahrt zur Kreuzfahrt haben wir im Kapitel IV verfolgen können, und der Exkurs 3 hat uns die Entwicklung der Luftfahrt bis zu ihrer Rolle als Partner der Kreuzfahrt in den 1960er Jahren vor Augen geführt. Theoretisch war es bei den

40 Taschen-Kalender der Hamburg-Amerika Linie 1905, S. 16.

41 Über die Geschichte der Kreuzfahrt seit 1945 informiert Arnold Kludas: Vergnügungsreisen zur See. Band 2. Hamburg 2003.

enorm verkürzten Flugzeiten jetzt möglich, Kreuzfahrten an jedem Ort der Welt zu beginnen bzw. enden zu lassen, der über einen größeren Flughafen verfügte. Die Hamburg-Atlantik Linie hatte diese neuen Möglichkeiten als eine der ersten Reedereien schon zu Beginn der 1960er Jahre genutzt und mit dem Scandinavian Airlines System, kurz SAS genannt, ein Fly & Cruise System ausgehandelt. Das sah z.B. so aus, daß die Westindienreise der HANSEATIC in Cuxhaven begann und nach vierzehn Tagen in Port Everglades endete, wo die Passagiere vom Flughafen Miami mit SAS-Maschinen nach Deutschland zurückfliegen konnten. Gleichzeitig kamen neue Passagiere teils mit SAS aus Europa, zum größeren Teil aber per Flugzeug aus allen Teilen der USA nach Florida und checkten auf der HANSEATIC zur nächsten Westindienreise ein. Das Schiff blieb so den Winter über in der Karibik, und alle vierzehn Tage brachten die Flugzeuge neue Passagiere und flogen die gerade ausgestiegenen in ihre Heimat zurück. Nach wenigen Jahren hatten sich alle in Frage kommenden Flughäfen auf dieses neue Verkehrsaufkommen eingestellt. Pünktlich mit der ersten Neubauwelle von Kreuzfahrtschiffen Ende der 1960er Jahre kam auch ein passendes Flugzeug auf den Markt, die Boeing 747, der Jumbo, dessen Kapazität von 440 Fluggästen mit ein bis zwei Flügen ein 9 000 Kilometer entfernt bereitliegendes Kreuzfahrtschiff füllen konnte. Seitdem ist die weltweite Kreuzfahrt ohne die Zubringerdienste der Luftfahrt schlicht nicht mehr vorstellbar. Mehr noch, dieser damals erreichte Entwicklungsstand der internationalen Luftfahrt machte die beginnende Ära der internationalen sogenannten Cruise Industry überhaupt erst möglich.

Paradoxerweise waren es zwei Brände mit Todesopfern auf älteren amerikanischen Cruise Linern in den Jahren 1965 und 1966, die der neuen Ära weitere Impulse gaben. Kreuzfahrten waren in den USA fortan nur noch auf modernen Schiffen mit hohem Sicherheitsstandard gefragt. Das war die Stunde visionärer Männer mit innovativen Ideen. Zwei Unternehmer leiteten diesen neuen Trend ein: der Amerikaner Ted Arison und der Norweger Knut Utstein Kloster. Der agile Geschäftsmann Ted Arison hatte im Sommer 1966 unter dem Eindruck der erwähnten Schiffskatastrophen das gerade ein Jahr alte Autofährschiff NILI der Somerfin Car-Ferries in Haifa für einen Karibik-Kreuzfahrtdienst ab Miami gechartert. Die Bordwände des Schiffes zierte in großen Lettern die im wörtlichen Sinn brandaktuelle Botschaft *I'm only one year old.* Der norwegische Reeder Knut Kloster verlegte den Neubau SUNWARD seiner zusammen mit Arison gegründeten Norwegian Caribbean Lines in die Karibik. Am 19. Dezember 1966 machte das Schiff die erste Kreuzfahrt Miami – Nassau und war so erfolgreich, daß Kloster schon bald weitere Neubauten in Dienst stellte. 1969 war die Norwegian Caribbean Lines mit drei erstklassigen modernen Schiffen mit weitem Abstand Marktführer in der Karibik. 1971 trennten sich Ted Arison und Knut Kloster nach Meinungsverschiedenheiten, blieben aber auch getrennt erfolgreich. Kloster führt die Norwegian Caribbean Lines weiter, die heute als Norwegian Cruise Line zu Star Cruises gehört. Ted Arison stellte im Februar 1972 mit der MARDI GRAS das erste Schiff seiner Carnival Cruise Lines in Dienst, die heute Kernstück des größten Kreuzfahrt-Konzerns der Welt ist.

Schon 1968 hatten drei norwegische Firmen die Royal Caribbean Cruises und 1970 dann drei weitere norwegische Reedereien die Royal Viking Line ins Leben gerufen. Diese Neugründungen stellten bis 1973 die sechs größten Kreuzfahrtschiffneubauten nach dem Krieg in Dienst, mit denen sie weltweit operierten, mit der Karibik und dem US-Markt als Schwerpunkt. Wie sehr sich diese zwischen 1966 und 1973 aktiv gewordenen Pioniere der modernen Kreuzfahrt in den letzten vierzig Jahren durchgesetzt haben, kann der folgende Überblick zeigen:

- Dem Branchenführer Carnival Cruise Lines, Miami, z. B. gehören die Holland America Line, deren Tochter Windstar Cruises, weiter Costa Cruises, die Cunard Line sowie die P&O Princess Cruises International und die deutsche Aida Cruises; insgesamt kontrolliert Carnival 12 Kreuzfahrtreedereien mit 83 Schiffen, einschließlich der in Bau befindlichen. Wenn diese im Jahr 2008 in Fahrt sind, wird Carnival mit 173 000 Betten auf 83 Schiffen ca. 50% der Passagierplätze auf dem Weltmarkt anbieten.
- Die Royal Caribbean Cruise Line, heute Royal Caribbean International (RCI), ebenfalls in Miami beheimatet, übernahm 1997 die Celebrity Cruise Lines mit neun Schiffen (2005) und besitzt damit insgesamt 28 Schiffe,

zwei weitere sind in Bau. 2007 wird RCI 30 Schiffe mit 62 350 Betten anbieten.

- Mit den erst 1993 gegründeten Star Cruises in Singapur enstand in Ostasien ein Gigant, der im Jahr 2000 die Norwegian Cruise Line übernahm und heute über 22 Schiffe mit 37 350 Betten verfügt.

Von den einst klangvollen und auch heute noch unvergessenen Kreuzfahrt-Reedereien der Liner-Ära hat sich als selbständig operierendes Unternehmen nur Hapag-Lloyd bis in die Gegenwart halten können; die Nachfolgefirma der einst führenden Hamburg-Amerika Linie und des Norddeutschen Lloyd liegt in einer Disziplin immerhin noch heute an der Weltspitze: Ihre EUROPA ist mit *Fünf Sternen plus* das international am höchsten bewertete Kreuzfahrtschiff! Die weltberühmten Namen von Cunard, Costa, P&O oder Holland-Amerika Lijn existieren dagegen nur noch als Tochtergesellschaften der drei Großkonzerne. Neben diesen gibt es bis heute glücklicherweise immer noch zahllose kleinere bis mittlere Kreuzfahrtanbieter. Wie dünn aber die Luft für solche Mitbewerber geworden ist, läßt sich an den vielen Konkursen und Fusionen der letzten Jahre ablesen.

Mit der Inneneinrichtung hatten wir uns zuletzt am Ende des IV. Kapitels beschäftigt und dabei die OCEANIC von 1963 als letzte Stufe des Übergangs von der Linien- zur Kreuzfahrt hervorgehoben. Wie weit aber auch dieses Schiff noch alten Liner-Traditionen verhaftet war, wurde wenige Jahre später deutlich, als die oben genannten norwegischen Reeder die Deutungshoheit über das Design von Passagierschiffen übernahmen. Sie hatten den visionären Mut zu neuen, den veränderten Herausforderungen angemessenen Lösungen, wobei mit klarem Blick das bewährte Alte mit zukunftweisenden Neuerungen verknüpft wurde. Rein äußerlich steigerte man die schnittigen Schiffsformen bis ins Futuristische. Beim Layout der Decks vervollkommnete man die von der Hamburger Werft Blohm & Voss schon seit den 1920er Jahren auf Schiffen wie der CAP ARCONA, KUNGSHOLM, EUROPA oder WILHELM GUSTLOFF praktizierten Ideen. In den Wohndecks lagen gleichartige Kabinen an über die ganze Schiffslänge laufenden übersichtlichen Gängen. Die Gesellschaftsräume waren in den Aufbaudecks konzentriert, wo sich auch die geräumigen, windgeschützten Promenaden-, Liege-, Sport- und Lidodecks befanden. Das Ganze war selbstverständlich in luxuriösester Weise ausgestattet und eingerichtet. Deutsche und finnische Werften waren es, die in den Jahren 1968 bis 1973 die ersten Schiffe dieser neuen Ära verwirklichten. Die neue Cruise Industry hatte ihren unverwechselbaren eigenen Stil markiert, den sie in den folgenden Jahrzehnten Schritt um Schritt in die atemberaubenden Superlative unserer Gegenwart steigerte.

Neue Ideen gingen den Strategen der Cruise Industry offenbar niemals aus. Schon Anfang der 1970er Jahre hatte Cunard die QUEEN ELIZABETH 2 mit 30 Penthouse-Suiten nachgerüstet, die über Balkons verfügten. 1980 erhielt ein weiteres Cunardschiff 26 solcher Penthouse-Suiten mit Balkon. Damit war der Startschuß für ein Phänomen gefallen. 1984 hatte die ROYAL PRINCESS schon 146 Balkonkabinen, und in den 1990er Jahren eroberten sich die Balkons den Rang eines Statussymbols. Seitdem erkennt man neue Kreuzfahrtschiffe daran, daß ihre Aufbaudecks zunehmend aus aneinandergereihten Balkons bestehen.

1996 übertraf die CARNIVAL DESTINY mit ihrer Tonnage von 101 343 BRZ als erstes Kreuzfahrtschiff die QUEEN ELIZABETH, die mit ihren 83 673 BRT seit 1940 das größte Passagierschiff der Welt gewesen war. Dieser neue Wettbewerb führte innerhalb von acht Jahren zur heute mit 148 528 BRZ führenden QUEEN MARY 2, doch kommt bereits 2006 ein noch größeres Schiff in Fahrt, und noch einmal größere sind in Bau oder in der Planung! Diese Riesen können ihren Fahrgästen immer mehr Raum und damit Luxus bieten, denn die Zahl der Passagiere auf diesen Mammuts wächst keineswegs im gleichen Maß wie die Schiffsgröße.

Es geht bei diesem neuen Wettbewerb gar nicht in erster Linie um Größe, sondern um das für die Passagiere vermeintlich attraktivste und die Reederei sicher kostengünstigste Konzept, das dann sozusagen zwangsläufig zu größeren Schiffen führt. Im Zuge solcher Überlegungen wurden ganz neue Ideen verwirklicht: An die Stelle des früheren Gymnastikraums trat der ausgedehnte Fitnessbereich, das noch um die mindestens ebenso großen Wellnesscenter und Spas erweitert wurde. Um das Schwimmbad herum entstanden ganze Lido-Landschaften mit Whirlpools. Hochmoderne Show-

Entwicklungslinien

Die ersten großen Neubauten für die Kreuzfahrt Anfang der 1970er Jahre ähnelten durchweg der abgebildeten ROYAL VIKING SEA der norwegischen Royal Viking Line (21 848 BRT, Baujahr 1973): Schnittige Formen waren obligatorisch. Über dem weit ausladenden Bug dehnte sich ein langes Manöverdeck mit Winden für die Anker und die Leinen zum Festmachen. Der Aufbau fällt achtern terrassenartig ab und bietet so auf mehreren Decks viel Platz zum Sonnen und Spielen. (Foto Wärtsilä)

In den 1980/90er Jahren wuchsen die Schiffsgrößen in alle drei Dimensionen. Die Aufbaudecks zogen sich bis ans Heck hin, frische Luft bekamen die Fahrgäste nur noch ganz oben auf dem Lidodeck und dessen Galerie sowie auf den wenig einladenden Bootsstationen. Hier die 53 700 BRZ große COSTA ROMANTICA von Costa Crociere, Baujahr 1993. (Foto Dr. Stefan Behn)

In den 1990er Jahren trat dann der Balkon seinen Siegeszug an. Während man unterhalb des Bootsdecks wegen eventuellen Seeschlags darauf verzichtet, sind die Außenkabinen der oberen Decks durchweg mit Balkons ausgestattet. Damit verfügen die Passagiere über frische Luft vor ihrer Balkontür, so daß man das Lidodeck verkleinern konnte. Auch das Vorschiff ist jetzt rationell bebaut. Die 101 509 BRZ große CARNIVAL VICTORY kam 2000 in Fahrt. (Foto Dr. Stefan Behn)

COSTA ROMANTICA

CARNIVAL VICTORY
Carnival Victory

Theater mit bis zu 1 000 Plätzen und elektronischen Lasereffekten gehören heute ebenfalls zum Standard. Ohne eine Disko – die natürlich lärmisoliert auf einem entlegenen Deck untergebracht ist – kommt kein Cruise Liner mehr aus. Und selbst auf deutschen Schiffen findet man heute große Spielcasinos mit langen Reihen einarmiger Banditen.

1995 trat die deutsche Arkona-Gruppe mit einem ersten Porträt ihres AIDA-Projekts an die Öffentlichkeit, das man als völlig neuartiges, ja geradezu revolutionäres Kreuzfahrtkonzept vorstellte. *Kein Kleiderzwang, Selbstbedienung für alle in allen Restaurants (außer im nur nach Voranmeldung zugängigen 80-Plätze Maritim-Edelrestaurant), Wein steht auf dem Tisch, Bier zapft man sich selbst, keine Sitzordnung, auch keine zeitliche Einschränkung der Restaurantöffnungszeiten (Frühstück um 11 Uhr morgens und nachts um drei Fischsuppe möglich), kein Kapitänsdinner, man kann aber durchaus erleben, daß sich der Käpt'n mit seinem selbstgefüllten Teller zu den Gästen setzt. Jeder nach seiner Fasson, das gilt nicht nur beim Essen, sondern auch für das Bordleben. Außer Theater, Restaurants und der Disko gibt es keine abgeschlossenen Gesellschaftsräume, auf den Decks gehen Bars, Fitnesszonen und Erlebnislandschaften ineinander über, und nicht nur in den prächtigen Treppenhäusern rieselt für die Zielgruppe ganztägig Musik aus den Wänden. ... Das hörte sich an wie ein maßgeschneidertes Angebot an die im Wohlstand lebenden VertreterInnen der Spaß- und Beliebigkeitsgesellschaft, eine ja in der Tat nicht zu vernachlässigende Zielgruppe.*[42] Was niemand so recht wahr haben wollte und was deswegen mit allerlei abschätzigen Anmerkungen bedacht wurde, hatte dann 1996 wirklich einige Startschwierigkeiten. 1997 mußte die AIDA deswegen sogar an die Konkurrenz der Norwegian Cruise Line verkauft werden, die es aber weiter für die Arkona-Gruppe fahren ließ. Immerhin hatten die Norweger so die Gelegenheit, das Produkt gründlich zu studieren – und schließlich sogar zu kopieren – ehe man den Deutschen das Schiff 1999 zurückverkaufte. Mittlerweile hatte sich die AIDA ihre Zielgruppe erobert und schließlich sogar die vielen Skeptiker überzeugt. Die Norwegian Cruise Line modifizierte und amerikanisierte das AIDA-Konzept dann auf eigenen Neubauten zum Freestyle Cruising, das in ähnlicher Form bald von weiteren Reedereien, z.B. von P&O Princess Cruises, übernommen wurde.

Im letzten Jahrzehnt des 20. Jahrhunderts bescherten die Designer der Kreuzfahrt eine ins dritte Jahrtausend weisende, außerordentlich eindrucksvolle innenarchitektonische Neuerung, das Atrium. Solche überbauten Innenhöfe sind natürlich keine Neuerung an sich, schon die alten Römer kannten sie, und auch auf Schiffen gab es sie – in Form der Lichtschächte über den Speisesälen – schon am Ende des 19. Jahrhunderts. Was sollte also Neues und Besonderes an diesen modernen Atrien sein? Da ist zuerst der völlig andere Nutzungszweck zu nennen. Es geht nicht mehr um einen Lichtschacht, sondern um ein eigenständiges Unterhaltungszentrum, das über sieben und mehr Decks in die Höhe reicht und das sich als eine richtige, von Bistros, Boutiquen, Cafés und Läden gesäumte Straße in die Länge zieht. Mit welcher technischen Raffinesse und künstlerischem Ideenreichtum dies alles gestaltet werden kann, davon künden die Abbildungen in den farbigen Hochglanzprospekten, mit denen die Kreuzfahrtveranstalter ihr Publikum an Bord locken. Technisch möglich geworden waren solche riesigen Innnenräume durch den unaufhaltsamen Fortschritt der Technik. Genannt seien hier nur hochfeste Materialien sowie besonders auch die eigens für solche Großräume entwickelten Hochdruck-Sprinkleranlagen als wirksames Feuerlöschmittel.

All diese neuen Ideen und Entwicklungen, wie Schiffsgröße, Atrien, Balkons, Fitnesszentren, Show-Theater oder Spielcasino, mischten sich Ende der 1990er Jahre mit dem AIDA-Konzept zum erwähnten Freestyle Cruising, das sich anfangs an völlig neue Zielgruppen wendete und besonders die unter Fünfzigjährigen ansprechen wollte. Radikal brach man mit überkommenen Traditionen. Zuerst fiel die von Jüngeren als abschreckend empfundene Kleideretikette, die allerdings auf Kreuzfahrtschiffen schon längst gar nicht mehr übermäßig streng praktiziert worden war. Als nächstes waren die festen Tischzeiten an der Reihe, jeder durfte jetzt zu (fast) jeder beliebigen Zeit in einem der verschiedenen Restaurants speisen. So herrscht an Bord zu jeder Stunde ein buntes, geschäftiges und teilweise auch kostspieliges Treiben, das mehr einer Vergnügungsstraße in Las Vegas ähnelt und den ursprünglich

42 Arnold Kludas: Vergnügungsreisen zur See. Band 2. Hamburg 2003. Seite 174f.

wichtigen Zwecken einer Kreuzfahrt, nämlich Erbauung und Erholung zu ermöglichen, kaum noch Raum läßt. Abgesehen davon fühlt man sich an die Zeit der Kunst- und Kulturkritiker erinnert, denen wir vor 1914 begegneten. Sie hatten den Reedern und Schiffsdesignern vorgeworfen, die Fahrgäste vergessen machen zu wollen, daß sie sich mit ihrem Schiff in einem fremden, oft gar feindlichen Element bewegen, dem Ozean. Aus heutiger Sicht haben diese Kritiker ihren Vorwurf neunzig Jahre zu früh und an die falsche Adresse gerichtet: Erst die Kreuzfahrtreeder der Gegenwart lassen tatsächlich Schiffe bauen, wie sie die Kritiker schon vor 1914 zu sehen geglaubt hatten.

Dieses abwechslungsreiche und vielseitige Angebot läßt die Reeder der großen Schiffe ihre Reisen in jüngster Zeit zunehmend unter das neue Motto stellen: Der Weg ist das Ziel. Mit anderen Worten: Das Fahren, das luxuriöse Leben und vergnügte Treiben an Bord ist der eigentliche Zweck der Reise, getreu dem alten Seemannsschnack: *Was brauchen wir an Land zu geh'n, das kann man doch von Bord aus seh'n!* Es gibt Siebentagereisen, die nur zwei Landaufenthalte vorsehen, einer davon findet oft sogar auf einer reedereieigenen Badeinsel statt. So spart man Hafenkosten und stellt sicher, daß die Passagiere ihr Geld an Bord bzw. am eigenen Strand ausgeben. Man muß wirklich staunend die promotion efforts der Werbemanager bewundern, die es schaffen, ihre Klientel zur Vorauszahlung von mehreren hundert Euro pro Tag für den Aufenthalt auf den Schiffen zu animieren, wo sie dann für viele der angepriesenen Events noch einmal zur Kasse gebeten werden.

Was also ist Kreuzfahrt heute?

Die Metapher vom Griff nach den Sternen scheint angesichts 180 000 BRZ großer Luxusschiffe und (2004) 13 Millionen Kreuzfahrtpassagieren keineswegs zu hoch gegriffen. Ein noch vor einer Generation unvorstellbarer Luxus für alle an Bord ist heute alltägliche Selbstverständlichkeit. Zwei hehre alte Ziele des zu kurz gekommenen Teils der Menschheit, Freiheit und Gleichheit, – auf den Kreuzfahrtschiffen scheinen sie endlich erreicht! Die schönsten Plätze der Welt stehen dem Kreuzfahrtpassagier offen, und auf der Luxusreise zu jenen Traumzielen erlebt er heile Welt par excellence! Von morgens früh bis in die späte Nacht nehmen einem viele hundert freundlich lächelnde und adrett gekleidete Mitmenschen alle Mühsal des Alltags ab, und sie tun das ohne Ansehen der Person, denn auf dem Kreuzfahrtschiff werden die Fahrgäste ja nicht in Klassen unterteilt. Wann ging es Passagieren an Bord von Schiffen also jemals besser als heute?

In der Tat, luxuriöseren Komfort und mehr Gleichberechtigung als auf einem Vier-Sterne- und oft auch einem gut gemanagten Drei-Sterne-Kreuzfahrtschiff hat es selbst in der Ersten Klasse eines Spitzenliners der 1930er Jahre nicht gegeben. Man denke nur an das heutige Standardinventar der Kabine, wie Radio, Fernsehen, Telefon, Safe, Minibar, und demnächst wird man dort auch einen Internetanschluß vorfinden. Allerdings sollte man bei solchen Überlegungen wissen, daß man hier ein siebzig Jahre altes Schiff mit einem Spitzenprodukt der Gegenwart vergleicht; denn heute gebaut, zöge der 30er-Jahre-Liner natürlich gleich. Und was die Gleichberechtigung der Passagiere anbelangt: Natürlich waren die Bewohner einer Luxussuite auf der NORMANDIE »gleicher« als der Passagier aus der Einbett-innen-Kabine, obwohl beide Erste Klasse gebucht hatten. Genauso ist das aber heute auch auf dem Kreuzfahrtschiff: Wer die höhere Kabinenkategorie gebucht hat, darf allerlei Bevorzugungen erwarten. Er bekommt z.B. im Speisesaal den besseren Tisch zugewiesen, er hat die Chance, zum Captain's Dinner geladen zu werden und er darf beim Landgang stets mit der ersten Gruppe von Bord gehen. Es gibt also in der klassenlosen Kreuzfahrt durchaus die Rangunterschiede, wie sie auch schon in der Ersten Klasse der Liner bestanden. Dort gab es immer das Ehepaar Nobody in der Zweibett innen, die Familie Neureich in der Zweibett außen und zwei Decks höher in der Suite die VIPs. Diese im Preis für die Unterbringung begründeten Rangunterschiede leben auf dem Kreuzfahrtschiff weiter.

Die Spitzenkategorie der I.-Klasse-Passagiere vor 1950 – jene internationalen Spitzenkünstler, Politiker oder Wirtschaftsbosse – sie sieht man auf unseren Drei- und Vier-Sterne-Schiffen ohnehin so gut wie gar nicht. Wer auf einer Kreuzfahrt vom Jetset aus Politik, Kultur und Wirtschaft oder Adel umgeben sein möchte, muß sich auf einer jener meist kleineren – in jedem Fall aber elitäreren – Fünf-Sterne-Cruise-Yachten einschiffen, auf denen die heutigen Großen jeder Couleur sich der splendid isolation ihres Daseins freuen. Die Zugehörigkeit zum Jetset definiert sich über die Bonität. Insofern wird es hier selbst für Angehörige des Mittelstandes kaum ein Einschiffen geben.

Auf den allgemein zugänglichen Kreuzfahrtpalästen gibt es zwar unübertrefflichen Luxus, aber nicht mehr die »große Welt«. Dafür werden den Passagieren heute allabendlich Unterhaltungsshows geboten, in denen durchaus aktuelle Berühmtheiten oder auch – wegen des meist älteren Publikums – Stars von gestern »live« auftreten. Auch unter den unvermeidlichen Lektoren finden sich oft Koryphäen aus Literatur und Fernsehen, bisweilen sogar aus Theater, Lehre oder Forschung. Es kann durchaus passieren, daß sich die Fahrstuhltür öffnet, eine dieser Größen zusteigt und sich während der Fahrt zum Lidodeck gar auf einen small talk einläßt.

Wenn wir im Exkurs 1 festgestellt haben, daß die Kreuzfahrt und auch die Luxusreisen Erster Klasse vor hundert Jahren eine Angelegenheit für Reiche und Unabhängige waren, scheint die Frage interessant, wie weit das denn heute anders ist. Global betrachtet, machten 2004 ca. 13 000 000 Menschen eine Kreuzfahrt, das sind 0,21 Prozent der Weltbevölkerung (6,1 Mrd. im Jahr 2000). Hier wird man mit Recht einwenden, daß Kreuzfahrt auch vor hundert Jahren lediglich in den wirtschaftlich hochentwickelten Ländern stattfand. Die 13 Millionen dürfen also nur auf Westeuropa, Nord-

Das Typschiff der aus vier 90 090 BRZ großen Einheiten bestehenden RADIANCE-Klasse, von der Meyer Werft in Papenburg für die Royal Caribbean Cruises gebaut. (Foto Meyer Werft)

amerika, Australien/Neuseeland sowie Japan bezogen werden, also auf ca. 900 Millionen Menschen. Dann würden immerhin schon 1,44 Prozent eine Kreuzfahrt machen. Auch das ist nicht viel. Das Fazit lautet also: Von der Unabhängigkeit her, also der zur Verfügung stehenden Zeit, könnte heute so gut wie jedermann eine Kreuzfahrt planen. Auch finanziell ist zweifelsohne ein größerer Teil der Gesellschaft als vor hundert Jahren in der Lage, sich eine Kreuzfahrt zu leisten. Wie sich dieser »größere Teil« zahlenmäßig ausnimmt, ist schwer zu sagen; es sind sicher mehr als jene, die tatsächlich eine Kreuzfahrt buchen, denn nicht jeder Urlauber will ja auf ein Schiff. Vielleicht ist also die Zahl derer, die sich heute eine Kreuzfahrt leisten können und sie auch buchen, doch identisch mit der Zahl der potentiellen Kreuzfahrer. Denn eines kann als sicher gelten: Das Konto von Lieschen Müller oder Otto Normalverbraucher – also der Arbeiter sowie kleinen und mittleren Angestellten – reicht normalerweise nicht einmal *once in a lifetime* für vierzehn Tage auf dem Traumschiff – allenfalls ginge das, wenn Lieschen und Otto als Singles leben oder im Falle der Ehe kinderlos geblieben wären.

Man sieht, die Kreuzfahrt der Gegenwart kann man unter den verschiedensten Gesichtspunkten betrachten, und entsprechend vielfältig und gegensätzlich sind dann die hierzu geäußerten Meinungen. Beim Versuch, auch auf diesem Wege zu bestimmen, was Kreuzfahrt heute bedeutet, stoßen wir auf Tiefsinniges, Lockeres Begeistertes, »Verschmidtstes«, Ironisches oder gar Sarkastisches – über die Kreuzfahrt läßt sich offenbar so vielfältig schreiben wie sie Erlebnisse und Eindrücke bietet:

Seit die Reise bequem geworden ist, führt sie nicht mehr so weit. Sie nimmt mehr häuslich Gewohntes mit und dringt in des Landes Brauch noch weniger ein als früher.

An Stelle der Wanderschaft, des Rittes, des nie vermeidbaren Abenteuers, ist im 19. Jahrhundert Verkehr getreten, ein – verglichen mit den heutigen Fluglinien – verblüffend rasch ausgebautes Eisenbahnnetz.

Aber auch der ungegängelte Fremdenverkehr wuchs seit der Mitte des (20., Anm. Verf.) Jahrhunderts mit gemehrtem Wohlstand der Mittelklasse immer rationalisierter an; die Welt wurde für die Besichtigung von acht Tagen, von vierzehn Tagen, von vier bis sechs Wochen katalogisiert. Ernst Bloch[43]

Der Pfeil der Zeit durchschneidet das Meer der Ereignisse wie der Kiel eines Schiffes die Wellen. Den Augenblick – und sei er noch so schön – können wir nicht zum Verweilen zwingen. Die pragmatische Lösung besteht darin, eine möglichst ununterbrochene Kette schöner Augenblicke und Ereignisse zu schaffen... Kurzum: es ist einfach an der Zeit, die Zeit zu genießen, eine »Neugeburt« zu erleben, inmitten von Wellen, Wolken und Wellness, so wie es nur der erholsame Urlaub an Bord eines luxuriösen Kreuzfahrtschiffes dem Geist und der Seele zu schenken vermag.

Sebastian Ahrens[44]

Ein Schiff von der einsamen Klasse der EUROPA (5 Sterne plus) betritt man nicht einfach so. Man übt sich durchaus in Demut, wenn man einem »Repeater« begegnet. Einem Reisenden, der bereits mehrfach an Bord war. Der seine Kabine so bucht, daß er beim Aufwachen in Sydney auf die Oper und in Kapstadt auf den Tafelberg schaut...

Absolute Stars sind jedoch die Weltreisenden. Man darf sagen, daß ein Hauch von Ewigkeit über den Ozean weht, wenn ein Weltreisender einige Zeit bei den anderen Passagieren verweilt, etwa beim »Bayerischen Mittag«. Mir wurde unisono versichert, dass der »Bayerische Mittag« ein geradezu sehnsüchtig erwartetes Highlight auf jeder Reise ist. Harald Schmidt[45]

Lachs der Marke BALIK, er ist der Rolls Royce unter den Räucherlachsen.[46]

Ein Fernsehbeitrag über die QUEEN MARY 2 bestaunte den unerhörten Luxus des Schiffes und kommentierte beim Kameraschwenk auf eine Tischvase: *und in den Blumenvasen schwimmen kleine Zierfischlein*[47]; diese werden den Fernsehzuschauern in Großaufnahme präsentiert.

Apropos QUEEN MARY 2 – dieses Schiff der Superlative schlägt den Bogen von der SAVANNAH bis in unsere Gegenwart und schließt den Kreis dreier Epochen in 200 Jahren maschinengetriebener Passagierschiffahrt: Die Abkürzung der strapaziösen Seereise durch die ersten Dampfer, die Entwicklung des Passagierschiffs zum komfortablen Hotel auf See und schließlich die Kreuzfahrt als luxuriöses Seefahrtvergnügen. Als größtes bisher gebautes Kreuzfahrtschiff ist die QUEEN MARY 2 Symbol dieser letzten Entwicklungsstufe, zugleich aber repräsentiert sie als größter jemals in Dienst gestellter Transatlantikliner die zweihundertjährige Tradition der modernen Passagierschiffahrt. Jene halbe Million Menschen, die diese Königin der Meere im Sommer 2004 im Hamburger Hafen willkommen hieß und ihren Besuch begeistert feierte, bewies überzeugend, daß die Passagierschiffahrt auch in unserer Zeit nichts von ihrer Faszination verloren hat.

43 Ernst Bloch: Reiz der Reise. Essay. Zit. bei Dieter Stolte: Ich reise, also bin ich. Die Welt, 24.8.04.

44 Sebastian Ahrens in Passagen. s9.2004, Seite 3.

45 Harald Schmidt: Forever Repeater. In: Passagen. 9.2004. Seite 45.

46 Passagen. 9.2004. Seite 33.

47 Die Queen de Luxe. ARD-Report am 22.12.2004.

Im Thermalbad

Kreuzfahrtschiffsinterieur im 21. Jahrhundert

am Beispiel der vier 90 000 BRZ großen Schiffe der RADIANCE-Klasse, 2001 bis 2005 auf der Meyer Werft in Papenburg erbaut. (Alle Fotos Meyer Werft)

Das High-Tech-Showtheater für 1 000 Zuschauer.

Die Eignersuite

Das Solarium

Im Cascades-Restaurant finden 900 Gäste Platz. (Foto Meyer Werft)

Großzügige Weite überall auf dem Schiff, nicht nur im Windjammer-Café. (Foto Meyer Werft)

Das über elf Decks aufragende Zentrum wird seinem Namen vollkommen gerecht. Hier herrscht Tag und Nacht großstädtisches Treiben, hier findet man Bars, Shops, Cafés, Reisebüros, die Bibliothek, hier finden Vernissagen, Matinees und Konferenzen statt, hier kann man Jazz, Salon- oder Tanzmusik hören, und hier fährt man in den gläsernen Fahrstühlen schräg nach oben oder unten, mit einem atemberaubenden 160-Grad-Blick auf das Meer. (Foto Meyer Werft)

Die 148 528 BRZ große QUEEN MARY 2 repräsentiert gegenwärtig zwei bedeutsame Superlative, sie ist gleichzeitig größtes Kreuzfahrtschiff der Welt und größtes jemals gebautes Linienpassagierschiff. (Foto Eckhard Biermann)

Queen Mary 2

Kabinenkomfort im 21. Jahrhundert

Vor dem Betrachten dieser Fotos sollte man vielleicht – mutatis mutandis – einmal zurückblättern nach den Seiten 10/11, wo wir unsere Reise durch die Geschichte des Luxus auf See mit einem Blick in die Erste Klasse eines Packetseglers begannen. Man präge sich den dort gebotenen Komfort ein: die Wasserkaraffe mit Schüssel als einzige Möglichkeit, sich zu waschen, und unter dem Bett - unseren Blicken verborgen – ein weiteres Gefäß zur Vermeidung nächtlicher Wanderungen schlaftrunkener Passagiere im dunklen Schiff. – Der Grundriß der Standardkabine ist seit den 1970er Jahren grundsätzlich gleich geblieben, wuchs aber im Laufe der Jahre zu immer mehr Großzügigigkeit an. Den heutigen Standard präsentiert die 2004 in Dienst gestellte, 90 090 BRZ große JEWEL OF THE SEAS. (Alle Fotos: Arnold Kludas)

Den ersten Eindruck vermittelt der Blick von der Tür in die Außenkabine. Die Breite der Betten dürfte in den meisten heimischen Schlafzimmern kaum erreicht werden.

Der entgegengesetzte Blick offenbart geräumige Wohnlichkeit. Sofa, Schreibtisch, ein großer Kleiderschrank, ein raumhoher Spiegel, alles farblich aufeinander abgestimmt, – bis auf das Sofa, das dafür farblich mit den abgelegten Taschen harmoniert.

In der Nahaufnahme besticht der Schreibtisch durch seine weitere Verwendbarkeit als Bar oder als vollwertiger Frisiertisch.

Das Bad erfreut durch großzügige Zweckmäßigkeit. Die wasserdicht verschließbare Duschkabine garantiert auch dem Zweitnutzer einen trockenen Fußboden. Wohltuend die helle Beleuchtung und der Verzicht auf das modisch-düstere Rauchglas; hier kann sich der Gast ohne Verletzungsgefahr naß rasieren.

Literaturverzeichnis

Ahrens, Sebastian (Hrsg.): Passagen. Hamburg. Jg. 2004.

Allen, Oliver E.: Die ersten Fluggesellschaften. Amsterdam 1981.

Alles-Fernandez, Peter (Hrsg.): Flugzeuge von A–Z. 3 Bde. München 1989.

Benstead, C. R.: Atlantic Ferry. London 1936.

Bonsor, Noel R. P.: North Atlantic Seaway. 5 Bde. Jersey and Newton Abbot 1974–1980.

Brinnin, John Malcolm: The Sway of the Grand Saloon. New York 1971.

Brinnin, John Malcolm, und Kenneth Gaulin: Grand Hotels der Meere. München 1988.

Fry, Henry: The History of North Atlantic Steam Navigation. London 1896.

Greenhill, Basil, und Ann Giffard: Travelling by Sea in the Nineteenth Century. London 1972.

Hamburg-Amerika Linie (Hrsg.): Der Reise-Begleiter für Ocean-Reisende. Hamburg 1896.

Heimann, Erich H.: Vom Zeppelin zum Jumbojet. Oldenburg und Hamburg 1971.

History of the Anchor Line. Glasgow 1911.

Jahrbuch des Norddeutschen Lloyd. Bremen. Div. Jg.

Jane's All the World's Aircraft. London. Jg. 1948 und 1946.

Kludas, Arnold: Das Blaue Band des Nordatlantiks. Hamburg 1999.

Kludas, Arnold: Die Geschichte der deutschen Passagierschiffahrt. Bde. I bis V. Hamburg 1986–1990.

Kludas, Arnold: Die großen Passagierschiffe der Welt. Bde. I bis V. Oldenburg und Hamburg 1972–1974; sowie Ergänzungsbände Herford und Hamburg 1983, 1987, 1991, 1997, 2002.

Kludas, Arnold: Vergnügungsreisen zur See. Bde. 1 und 2. Hamburg 2001 u. 2003.

Leitich, Ann Tizia: An Bord der »Europa«. In: Velhagen & Klasings Monatshefte. 1929.

Maddocks, Melvin: The Great Liners. Alexandria 1978.

Maginnis, Arthur J.: The Atlantic Ferry. London 1892.

Maxtone-Graham, John: Liners to the Sun. New York 1985.

Miller, William H.: The Fabulous Interiors of the Great Ocean Liners. New York 1985.

Millergram. No.67. Secaucus 2004.

Neubaur, Paul: Der Norddeutsche Lloyd 1857–1907. Tafelband. Leipzig 1907.

Reinle, Rico A.: Wandlungen des »großen Salons« (und der anderen Gesellschaftsräume in historischen Passagierschiffen). In: Schiffahrt international. Aufsatzfolge in den Jg. 1994–1999.

Singer, Johnny: Ein Baedeker für Ozeanreisende. In: Das Magazin. März 1930.

Sproule, Anna: Port Out, Starboard Home. Poole 1978.

Taschen-Kalender der Hamburg-Amerika Linie. Jg. 1906, 1908.

Trennheuser, Matthias: Die innenarchitektonische Ausstattung deutscher Passagierschiffe zwischen 1880 und 1940. Diss., Saarbrücken 2004.

Die größten Passagierschiffe der Welt 1819–2005

Jahr	Name	BRT	Reederei	Nation	Bauwerft
1819	SAVANNAH	320	Savannah Steam	USA	Ficket & Crocket, New York
1833	ROYAL WILLIAM	364	Royal William	kanadisch	Black & Campbell, Quebec
1838	SIRIUS	703	Brit. & American	britisch	Menzies & Son, Leith
1838	GREAT WESTERN	1 340	Great Western	britisch	Patterson, Bristol
1839	BRITISH QUEEN	1 862	Brit. & American	britisch	Curling & Young, London
1840	PRESIDENT	2 366	Brit. & American	britisch	Curling & Young, London
1841	GREAT WESTERN	1 700	Great Western	britisch	Patterson, Bristol
1845	GREAT BRITAIN	3 270	Great Western	britisch	Great Western, Bristol
1853	ATRATO	3 467	Royal Mail Lines	britisch	Caird & Co., Greenock
1859	SHANNON	3 609	Royal Mail Lines	britisch	Napier, Glasgow
1859–1901	GREAT EASTERN [1]	18 915	Great Ship Co.	britisch	Scott Russel, London
1862	SCOTIA	3 871	Cunard Line	britisch	Napier & Son, Glasgow
1867	NEBRASKA	3 985	Guion Line	britisch	Palmer Bros., Jarrow
1871	SPAIN	4 512	National Line	britisch	Laird Bros., Birkenhead
1871	EGYPT	4 670	National Line	britisch	Liverpool Sb., Liverpool
1874	BRITANNIC	5 004	White Star Line	britisch	Harland & Wolff, Belfast
1875	CITY OF BERLIN	5 491	Inman Line	britisch	Caird & Co., Greenock
1881	CITY OF ROME	8 415	Inman Line	britisch	Barrow Shipb., Barrow
1888	CITY OF NEW YORK [2]	10 449	Inman Line	britisch	Thomson, Glasgow
1893	CAMPANIA	12 950	Cunard Line	britisch	Fairfield, Glasgow
1897	KAISER WILHELM DER GROSSE	14 349	Nordd. Lloyd	deutsch	Vulcan, Stettin
1899	OCEANIC	17 272	White Star Line	britisch	Harland & Wolff, Belfast
1901	CELTIC	20 904	White Star Line	britisch	Harland & Wolff, Belfast
1903	BALTIC	23 884	White Star Line	britisch	Harland & Wolff, Belfast
1906	KAISERIN AUGUSTE VICTORIA	24 581	Hapag	deutsch	Vulcan, Stettin
1907	LUSITANIA	31 550	Cunard Line	britisch	Brown, Clydebank
1907	MAURETANIA	31 938	Cunard Line	britisch	Swan, H. & W.R., Newcastle
1911	OLYMPIC	45 324	White Star Line	britisch	Harland & Wolff, Belfast
1912	TITANIC	46 328	White Star Line	britisch	Harland & Wolff, Belfast
1912	OLYMPIC	45 324	White Star Line	britisch	Harland & Wolff, Belfast
1913	IMPERATOR	52 117	Hapag	deutsch	Vulcan, Hamburg
1914	VATERLAND	54 282	Hapag	deutsch	Blohm & Voss, Hamburg
1922	BISMARCK sp. MAJESTIC	56 551	Hapag	deutsch	Blohm & Voss, Hamburg
1923	LEVIATHAN ex VATERLAND	59 956	United States L.	USA	Blohm & Voss, Hamburg
1931	MAJESTIC ex BISMARCK	56 551	Hapag	deutsch	Blohm & Voss, Hamburg
1935	NORMANDIE	79 280	Cie. Gén. Transat.	französ.	Penhoet, St. Nazaire
1940	QUEEN ELIZABETH	83 673	Cunard Line	britisch	Brown, Clydebank
1996	CARNIVAL DESTINY	101 343	Carnival Cruise	USA	Fincantieri, Monfalcone
1998	GRAND PRINCESS	108 806	Princess Cruises	britisch	Fincantieri, Monfalcone
1999	VOYAGER OF THE SEAS	137 276	Royal Caribbean	norweg.	Kvaerner-Masa, Turku
2000	EXPLORER OF THE SEAS	137 308	Royal Caribbean	norweg.	Kvaerner-Masa, Turku
2002	NAVIGATOR OF THE SEAS [3]	138 279	Royal Caribbean	norweg.	Kvaerner-Masa, Turku
2003	QUEEN MARY 2	148 528	Cunard Line	britisch	Chant. l'Atlantique, St. Nazaire

Die größten (bis 1955 alle) Kreuzfahrtschiffneubauten der Welt

Jahr	Name	BRT	Reederei	Nation	Bauwerft
1900	PRINZESSIN VICTORIA LUISE	4 419	Hapag	deutsch	Blohm & Voss, Hamburg
1904	METEOR	3 613	Hapag	deutsch	Blohm & Voss, Hamburg
1927	STELLA POLARIS	5 020	Det Bergenske	norweg.	Götaverken, Göteborg
1938	WILHELM GUSTLOFF	25 484	Kraft durch Freude	deutsch	Blohm & Voss, Hamburg
1939	ROBERT LEY	27 288	Kraft durch Freude	deutsch	Howaldtswerke, Hamburg
1955	METEOR	2 856	Bergenske	norweg.	Aalborg Vaerft, Aalborg
1961	FRITZ HECKERT	8 115	Seereederei	deutsch	Mathias-Thesen, Wismar
1967	ITALIA	12 219	Sunsarda	italien.	Cant. Felszegi, Triest
1968	STARWARD	12 949	Kloster	norweg.	Seebeck, Bremerhaven
1969	SKYWARD	16 254	Kloster	norweg.	Seebeck, Bremerhaven
1970	SONG OF NORWAY	18 416	Royal Caribbean	norweg.	Wärtsilä, Helsinki
1971	SEA VENTURE	19 903	Norweg. Cruise	norweg.	Nordseewerke, Emden
1972	ISLAND VENTURE	19 907	Norweg. Cruise	norweg.	Nordseewerke, Emden
1972	ROYAL VIKING STAR	21 847	Royal Viking	norweg.	Wärtsilä, Helsinki
1973	ROYAL VIKING SKY	21 891	Royal Viking	norweg.	Wärtsilä, Helsinki
1981	EUROPA	33 819	Hapag-Lloyd	deutsch	Bremer Vulkan, Bremen
1982	SONG OF AMERICA	37 584	Royal Caribbean	norweg.	Wärtsilä, Helsinki
1984	FAIRSKY	38 876	Sitmar	italien.	Chant. Mediterranée, La Seyne
1984	ROYAL PRINCESS	44 348	Princess Cruises	britisch	Wärtsilä, Helsinki
1985	HOLIDAY	46 052	Carnival Cruise	USA	Aalborg Vaerft, Aalborg
1987	JUBILEE	47 262	Carnival Cruise	USA	Kockums, Malmö
1988	SOVEREIGN OF THE SEAS	73 192	Royal Caribbean	norweg.	Chant. l'Atlantique, St.Nazaire
1990	MONARCH OF THE SEAS	73 973	Royal Caribbean	norweg.	Chant. l'Atlantique, St.Nazaire
1992	MAJESTY OF THE SEAS	73 973	Royal Caribbean	norweg.	Chant. l'Atlantique, St.Nazaire
1996	CARNIVAL DESTINY	101 343	Carnival Cruise	USA	Fincantieri, Monfalcone
1998	GRAND PRINCESS	108 806	Princess Cruises	britisch	Fincantieri, Monfalcone
1999	VOYAGER OF THE SEAS	137 276	Royal Caribbean	norweg.	Kvaerner-Masa, Turku
2000	EXPLORER OF THE SEAS	137 308	Royal Caribbean	norweg.	Kvaerner-Masa, Turku
2002	NAVIGATOR OF THE SEAS [3]	138 279	Royal Caribbean	norweg.	Kvaerner-Masa, Turku
2003	QUEEN MARY 2	150 000	Cunard	britisch	Chant. l'Atlantique, St.Nazaire
2006 [4]	FREEDOM OF THE SEAS	160 000	Royal Caribbean	norweg.	Kvaerner-Masa, Turku
2008 [4]	PINNACLE-(Projekt!)	180 000	Carnival (ex P&O)	USA	Chant. l'Atlantique, St.Nazaire

1 Die hier in die Evolutionslinie eingefügte GREAT EASTERN war entwicklungstechnisch eine einmalige Ausnahme.

2 Das Schwesterschiff CITY OF PARIS hatte exakt die gleichen Daten.

3 Das exakt gleiche Schwesterschiff MARINER OF THE SEAS kam 2003 in Fahrt.

4 Geplantes Ablieferungsjahr.

Register der Orts-, Personen-, Reederei- und Schiffsnamen

Kursiv gesetzte Ziffern weisen auf eine Abbildung hin.
Schiffsnamen sind in Versalien gesetzt, Namen aus dem Anhang wurden nicht aufgenommen.
Ortsnamen wurden nur im Falle einer Abbildung aufgenommen. Schiffe gleichen Namens werden durch das Baujahr unterschieden.

Register der Orts-, Personen-, Reederei- und Schiffsnamen

Glossar

Blaues Band Inoffizielle, international anerkannte Auszeichnung für die schnellste Überquerung des Nordatlantiks durch ein Passagierschiff auf der Route Europa–New York. Der Wettbewerb wurde von 1838 bis 1952 ausgetragen. Letzte Gewinnerin der Auszeichnung ist die UNITED STATES.

BRT Bruttoregistertonne.
Eine BRT = 2,83 Kubikmeter. Raummaß für die Schiffsvermessung. Die BRT-Zahl umfaßt den gesamten umbauten Raum des Schiffes und ist damit Kriterium für die Größe eines Handelsschiffs.

BRZ Bruttoraumzahl. Trat 1994 an die Stelle der BRT.

Dual-Purpose-Liner Doppelzweckschiff, ein für den Liniendienst u n d für Kreuzfahrten gebautes Schiff.

Jungfernreise Die erste fahrplanmäßige Reise eines Schiffes.

kn = Knoten Maßeinheit für die Schiffsgeschwindigkeit. Ein Knoten steht für Seemeilen pro Stunde. Eine Seemeile = 1 852 Meter.

Liner Aus dem Englischen übernommene Bezeichnung eines im Liniendienst eingesetzten Passagierschiffs; heute oft auch für Kreuzfahrtschiffe verwendet.

Pier Rechtwinklig vom Ufer aus ins Wasser gebaute schmale Anlegebrücke.

Reede Ankerplatz vor einem Hafen, der keine oder keine ausreichenden Pier- oder Kaianlagen besitzt.

Ronde Täglicher Inspektionsrundgang des Kapitäns durch die Gesellschaftsräume und über die Passagierdecks; auf heutigen Kreuzfahrtschiffen nicht mehr üblich.

Spa Im Englischen Bad oder Badeort. Auf Kreuzfahrtschiffen steht diese Bezeichnung neuerdings für »Badelandschaften« mit verschiedenartigen Bädern.

Tender Boot bzw. kleineres Passagierschiff, mit dem Fahrgäste zwischen dem Ufer und dem auf Reede liegenden Liner oder Kreuzfahrtschiff befördert werden.

Tonnen In diesem Buch durchweg als Synonym für BRT verwendet, meist unter Verwendung gerundeter Zahlen.

Die ersten Tage an Bord
sind solche vollkommenen Glücks,
völliger Entspanntheit und Losgelöstheit.
Man liegt im Decksstuhl,
blickt aufs Meer und ist restlos glücklich.

Colin Ross